· EX SITU FLORA OF CHINA ·

中国迁地栽培植物志

主编 黄宏文

URTICACEAE
荨麻科

本卷主编 韦毅刚 符龙飞

中国林业出版社
China Forestry Publishing House

内容简介

本书收录了我国主要植物园迁地栽培的荨麻科植物14属100种1变种。物种拉丁名和定名人格式参考IPNI；属和种均按照拉丁名字母顺序排列。每种植物介绍包括中文名、拉丁名、别名等分类学信息和自然分布、迁地栽培形态特征、引种信息、物候信息、迁地栽培要点及主要用途，并附彩色照片展示其物种形态学特征。为了便于查阅，书后附有各植物园栽培的荨麻科植物名录以及中文名和拉丁名索引。

主编简介

黄宏文：1957年1月1日生于湖北武汉，博士生导师，中国科学院大学岗位教授。长期从事植物资源研究和果树新品种选育，在迁地植物编目领域耕耘数十年，发表论文400余篇，出版专著40余本。主编有《中国迁地栽培植物大全》13卷及多本专科迁地栽培植物志。现为中国科学院庐山植物园主任，中国科学院战略生物资源管理委员会副主任，中国植物学会副理事长，国际植物园协会秘书长。

图书在版编目（CIP）数据

中国迁地栽培植物志. 荨麻科 / 黄宏文主编 ; 韦毅刚, 符龙飞本卷主编. -- 北京 : 中国林业出版社, 2020.11

ISBN 978-7-5219-0927-2

Ⅰ. ①中… Ⅱ. ①黄… ②韦… ③符… Ⅲ. ①荨麻科—引种栽培—植物志—中国 Ⅳ. ①Q948.52

中国版本图书馆CIP数据核字(2020)第239280号

ZHŌNGGUÓ QIĀNDÌ ZĀIPÉI ZHÍWÙZHÌ · QIÁNMÁKĒ

中国迁地栽培植物志·荨麻科

出版发行：中国林业出版社
（100009 北京市西城区刘海胡同7号）
电　话：010-83143517
印　刷：北京雅昌艺术印刷有限公司
版　次：2020年12月第1版
印　次：2020年12月第1次印刷
开　本：889mm×1194mm　1/16
印　张：15.5
字　数：491千字
定　价：218.00元

《中国迁地栽培植物志·荨麻科》编者

主　　编：韦毅刚（广西壮族自治区中国科学院广西植物研究所）

　　　　　符龙飞（广西壮族自治区中国科学院广西植物研究所）

副 主 编：陈　玲（中国科学院华南植物园）

　　　　　李秀娟（广西壮族自治区中国科学院广西植物研究所）

编　　委（以姓氏拼音为序）：

　　　　　蔡　磊（中国科学院昆明植物研究所）

　　　　　葛玉珍（广西壮族自治区中国科学院植物研究所）

　　　　　黎　舒（广西壮族自治区中国科学院广西植物研究所）

　　　　　孟德昌（广西壮族自治区中国科学院广西植物研究所）

　　　　　汤升虎（贵州省植物园）

　　　　　温　放（广西壮族自治区中国科学院广西植物研究所）

　　　　　辛子兵（广西壮族自治区中国科学院广西植物研究所）

主　　审：张志翔（北京林业大学）

责 任 编 审：廖景平　湛青青（中国科学院华南植物园）

摄　　影（以姓氏拼音为序）：

　　　　　陈　玲　蔡　磊　符龙飞　李秀娟　罗雯亓　孟德昌

　　　　　汤升虎　韦毅刚　温　放　辛子兵

数据库技术支持：张　征　黄逸斌　谢思明（中国科学院华南植物园）

《中国迁地栽培植物志·荨麻科》参编单位
（数据来源）

广西壮族自治区中国科学院广西植物研究所（GXIB）

中国科学院华南植物园（SCBG）

中国科学院昆明植物研究所（KIB）

贵州省植物园（GZBG）

《中国迁地栽培植物志》编研办公室

主　任：任　海

副主任：张　征

主　管：湛青青

序 FOREWORD

　　中国是世界上植物多样性最丰富的国家之一，有高等植物约33000种，约占世界总数的10%，仅次于巴西，位居全球第二。中国是北半球唯一横跨热带、亚热带、温带到寒带森林植被的国家。中国的植物区系是整个北半球早中新世植物区系的孑遗成分，且在第四纪冰川期中，因我国地形复杂、气候相对稳定的避难所效应，又是植物生存、物种演化的重要中心，同时，我国植物多样性还遗存了古地中海和古南大陆植物区系，因而形成了我国极为丰富的特有植物，有约250个特有属、15000～18000特有种。中国还有粮食植物、药用植物及园艺植物等摇篮之称，几千年的农耕文明孕育了众多的栽培植物的种质资源，是全球资源植物的宝库，对人类经济社会的可持续发展具有极其重要意义。

　　植物园作为植物引种、驯化栽培、资源发掘、推广应用的重要源头，传承了现代植物园几个世纪科学研究的脉络和成就，在近代的植物引种驯化、传播栽培及作物产业国际化进程中发挥了重要作用，特别是经济植物的引种驯化和传播栽培对近代农业产业发展、农产品经济和贸易、国家或区域的经济社会发展的推动则更为明显，如橡胶、茶叶、烟草及众多的果树、蔬菜、药用植物、园艺植物等。特别是哥伦布到达美洲新大陆以来的500多年，美洲植物引种驯化及其广泛传播、栽培深刻改变了世界农业生产的格局，对促进人类社会文明进步产生了深远影响。植物园的植物引种驯化还对促进农业发展、食物供给、人口增长、经济社会进步发挥了不可替代的重要作用，是人类农业文明发展的重要组成部分。我国现有约200个植物园引种栽培了高等维管植物约396科、3633属、23340种(含种下等级)，其中我国本土植物为288科、2911属、约20000种，分别约占我国本土高等植物科的91%、属的86%、物种数的60%，是我国植物学研究及农林、环保、生物等产业的源头资源。因此，充分梳理我国植物园迁地栽培植物的基础信息数据，既是科学研究的重要基础，也是我国相关产业发展的重大需求。

　　然而，我国植物园长期以来缺乏数据整理和编目研究。植物园虽然在植物引种驯化、评价发掘和开发利用上有悠久的历史，但适应现代植物迁地保护及资源发掘利用的整体规划不够、针对性差且理论和方法研究滞后。同时，传统的基于标本资料编纂的植物志也缺乏对物种基础生物学特征的验证和"同园"比较研究。我国历时45年，于2004年完成的植物学巨著《中国植物志》受到国内外植物学者的高度赞誉，但由于历史原因造成的模式标本及原始文献考证不够，众多种类的鉴定有待完善；*Flora of China* 虽弥补了模式标本和原始文献考证的不足，但仍然缺乏对基础生物学特征的深入研究。

　　《中国迁地栽培植物志》将创建一个"活"植物志，成为支撑我国植物迁地保护和可持续利用的基础信息数据平台。项目将呈现我国植物园引种栽培的20000多种高等植物的实地形态特征、物候信息、用途评价、栽培要领等综合信息和翔实的图片。从学科上支撑分类学修订、园林园艺、植物生物学和气候变化等研究；从应用上支撑我国生物产业所需资源发掘及利用。植物园长期引种栽培的植物与我国农林、医药、环保等产业的源头资源密切相关。由于受人类大量活动的影响，植物赖以生存的自然生态系统遭到严重破坏，致使植物灭绝威胁增加；与此同时，绝大部分植物资源尚未被人类认识和充分利用；而且，在当今全球气候变化、经济高速发展和人口快速增长的背景下，植物园作为植物资源保存和发掘利用的"诺亚方舟"将在解决当今世界面临的食物保障、医药健康、工业原材料、环境变化等重大问题中发挥越来越大的作用。

《中国迁地栽培植物志》编研将全面系统地整理我国迁地栽培植物基础数据资料，对专科、专属、专类植物类群进行规范的数据库建设和翔实的图文编撰，既支撑我国植物学基础研究，又注重对我国农林、医药、环保产业的源头植物资源的评价发掘和利用，具有长远的基础数据资料的整理积累和促进经济社会发展的重要意义。植物园的引种栽培植物在植物科学的基础性研究中有着悠久的历史，支撑了从传统形态学、解剖学、分类系统学研究，到植物资源开发利用、为作物育种提供原始材料，及至现今分子系统学、新药发掘、活性功能天然产物等科学前沿乃至植物物候相关的全球气候变化研究。

《中国迁地栽培植物志》将基于中国植物园活植物收集，通过植物园栽培活植物特征观察收集，获得充分的比较数据，为分类系统学未来发展提供翔实的生物学资料，提升植物生物学基础研究，为植物资源新种质发现和可持续利用提供更好的服务。《中国迁地栽培植物志》将以实地引种栽培活植物形态学性状描述的客观性、评价用途的适用性、基础数据的服务性为基础，立足生物学、物候学、栽培繁殖要点和应用；以彩图翔实反映茎、叶、花、果实和种子特征为依据，在完善建设迁地栽培植物资源动态信息平台和迁地保育植物的引种信息评价、保育现状评价管理系统的基础上，以科、属或具有特殊用途、特殊类别的专类群的整理规范，采用图文并茂方式编撰成卷（册）并鼓励编研创新。全面收录中国的植物园、公园等迁地保护和栽培的高等植物，服务于我国农林、医药、环保、新兴生物产业的源头资源信息和源头资源种质，也将为诸如气候变化背景下植物适应性机理、比较植物遗传学、比较植物生理学、入侵植物生物学等现代学科领域及植物资源的深度发掘提供基础性科学数据和种质资源材料。

《中国迁地栽培植物志》总计约60卷册，10～20年完成。计划2015—2020年完成前10～20卷册的开拓性工作。同时以此推动《世界迁地栽培植物志》(*Ex Situ Flora of the World*)计划，形成以我国为主的国际植物资源编目和基础植物数据库建立的项目引领。今《中国迁地栽培植物志·荨麻科》书稿付梓在即，谨此为序。

黄宏文

2020年5月6日于广州

前言 PREFACE

我国植物园迁地保育了一批荨麻科植物，但一直缺乏对迁地栽培的荨麻科植物物种形态特征、物候资料等各方面的深入研究以及植物园间的比较研究。为此我们邀请全国多个植物园收集荨麻科的科研人员共同编研此书，充分利用植物园实地观察的优势，为荨麻科植物的研究提供详实的物候数据。具体如下：

1.本书收录国内各植物园迁地保育的荨麻科植物14属100种1变种。物种拉丁名主要依据 IPNI，属按照拉丁名字母顺序排列。尽管最新分子系统学研究结果将赤车属（*Pellionia*）处理为楼梯草属（*Elatostema*）的异名，但由于没有对各物种进行新组合，因而本书的科属种及其中文名沿用《中国植物志》和 *Flora of China* 的名称。

2.概述部分简要介绍了荨麻科植物的种质资源概况、系统演化及分类、生殖途径和药用价值、观赏价值及园林应用等。

3.每种植物的介绍包括中文名、拉丁名、别名等分类学信息和自然分布、迁地栽培形态特征、引种信息、物候、迁地栽培要点及主要用途，并附彩色照片。

4.物种编写规范：

（1）迁地栽培形态特征按茎、叶、花、果顺序分别描述。同一物种在不同植物园的迁地栽培形态有显著差异者，均进行客观描述。

（2）引种信息尽可能全面地包括：登录号/引种号+引种地点+引种材料；引种记录不详的，标注为"引种信息缺失"。

（3）物候按照开花期、果熟期的顺序编写。

（4）本书共收录彩色照片250余幅（除有注明作者的，其余均为本卷参编人员拍摄），包括各物种的植株、茎、叶、花、果等。

（5）为便于读者进一步查阅，书后附有参考文献、植物园荨麻科名录、各植物园的地理环境、中文名和拉丁名索引。

此书虽然已经尽可能地收录了全国各植物园收集的荨麻科植物，但迁地栽培物种仅占到我国该科植物总数的20%，对于大量特有种、受威胁种的迁地保育工作仍需要做更多努力。

　　本书承蒙以下研究项目的大力资助：科技基础性工作专项——植物园迁地栽培植物志编撰（2015FY210100）；中国科学院华南植物园"一三五"规划（2016—2020）——中国迁地植物大全及迁地栽培植物志编研；生物多样性保护重大工程专项——重点高等植物迁地保护现状综合评估；国家基础科学数据共享服务平台——植物园主题数据库；中国科学院核心植物园特色研究所建设任务：物种保育功能领域；广东省数字植物园重点实验室；中国科学院科技服务网络计划（STS计划）——植物园国家标准体系建设与评估（KFJ-3W-Nol-2）；中国科学院大学研究生/本科生教材或教学辅导书项目。在此表示衷心感谢！

　　《中国迁地栽培植物志·荨麻科》是多个植物园共同努力的成果。憾于部分引种记录数据的不完整、缺失，另加上编者学识水平有限，书中疏漏甚至错误之处在所难免，敬请读者批评指正。

作者

2020年7月

目录 CONTENTS

概述
Overview

一、荨麻科植物种质资源概况

荨麻科植物种类繁多，拥有约54属2000余种，多为草本、亚灌木或灌木，稀为乔木或攀缘藤本，主要分布于南北半球的热带与温带地区（Wu等，2013）。我国约有27属500种。主要分布于长江流域以南的亚热带和热带地区。我国荨麻科植物的种质资源调查主要伴随着《中国植物志》、*Flora of China* 以及各地方植物志的编撰进行，调查力度相对薄弱。就物种数而言，分布最丰富的省份主要集中在云南（21属203种）、广西（17属141种）、四川（17属107种）、西藏（18属97种）和贵州（17属94种）（张静等，2013）。除西藏外，其余四个省份拥有广袤的喀斯特地貌，是荨麻科最大两个属（楼梯草属和冷水花属）的集中分布区域，也是造成这些省份高物种多样性的主要原因。而近年来，针对这些省份的喀斯特地貌进一步开展了大量考察，并在此基础上发掘和发现了一批新种，为该科植物的种质资源增添了不少新成员（Monro等，2012；王文采，2014，2016a，2019；Fu等，2017ab；Yang等，2018）。例如，以云南、广西、贵州为主的中国西南喀斯特地区记载了超过184种的楼梯草属植物，占到整个中国该属植物的2/3（王文采，2014）。值得一提的是，喀斯特洞穴分布了丰富的荨麻科植物资源，包含该科植物73种，其中楼梯草属42种（Monro等，2018）。这些荨麻科类群大多曾生长于林下，由于森林砍伐而退缩到洞穴内，但仍有一定比例的洞穴特有种。因此，喀斯特洞穴既是"避难所"，也是"摇篮"。这种生境的特殊性，也为该科植物的种质资源保护和利用提供了新的机遇和挑战。除此之外，湖北神农架和广西靖西还发现了两个新属，分别为征镒麻属（*Zhengyia*）和头序冷水花属（*Metapilea*）（Deng等，2013；王文采，2016b）。然而，由于喀斯特地貌的特殊性和荨麻科植物物种鉴定困难等特点，野外考察和标本采集难度较大，针对该科的植物标本收集较少，这些新种大多为仅记载了一个居群的狭域性特有种，生存状态面临较大威胁，亟待开展更深入的调查，弄清它们的野外分布和种质资源情况。

二、荨麻科植物的系统演化及分类

荨麻科隶属于蔷薇目（APG II，2003），多是草本、亚灌木植物，在丛林中多为中下层植物，大多生长在阴湿环境下，同时又具有热带植物区系的特点，由于大部分植株种类的花很小，很难容易进行全面观察，并且植物种间有很高的相似性与连续性，植物在种上的定义与划分有一定的困难。在研究荨麻科植物的分类过程中，植物分类性状特征的缺少和分类特征描述的空缺，还一些分类性状间的交叉重叠、连续和演变、变异，影响植物分类群的划分，这给该科植物的分类学和系统学研究带来了较大困难和争议。

Jussieu于1789在荨麻科Urticaceae建立之初，将其分成了 *Urtica*、*Forsskaolea*、*Parietaria*、*Cannabis*、*Cecropia*、*Artocarpus*、*Monus*、*Pteranthus*、*Humulus*、*Theligonum* 等10个属。随后Gaudichaud（1830）对荨麻科进行了修订，将这些属分别归入Urticaceae、Cecropiaceae、Moraceae和Cannabinaceae，并各自成为单独的科，将新界定的荨麻科分成五个族：Urereae、Elatostemeae、Boehmerieae、Parietarieae和Forskalieae。Weddell（1854，1856，1869）的处理与前者相似，将桑科、大麻科从荨麻科分离出来，并将荨麻科划分为五个族：Urereae、Procrideae、Boehmerieae、Parietarieae、and Forskohleae。Friis（1989，1993）也继承了该分类观点，只是在族的名字上做了部分变动。然而，基于果实形态证据，Kravtsova（2009）提出不同分类观点，他将荨麻科分为三个亚科：Urticoideae、Lecanthoideae、Boehmerioideae，这与前人观点有一定的相似之处，例如Urticoideae和Lecanthoideae分别代表了之前的Urticeae、Lecantheae，而Boehmerioideae则结合了之前的Boehmerieae、Parietarieae、Forsskaoleae，并将 *Touchardia* 置于Lecanthoideae中。在此三亚科基础上，进一步提出六个族的分类系统：Urticeae、Leacantheae、Touchardieae、Boehmerieae、Forsskaoleae、Parietarieae。

Bentham 和 Hooker（1880）将 Gaudichaud（1830）界定的 Cecropiaceae 置于现代的桑科（Moraceae）中。然而，Weddell（1869）将 Poikilospermum 放置在荨麻科；Chew（1963）将 Cecropia、Musanga、Coussapoa 也移到荨麻科；Corner（1962）认为这六个属都属于荨麻科。Berg（1978）提出 Cecropia、Musanga、Coussapoa、Poikilospermum、Pourouma、Myrianthus 为锥头麻科（Cecropiaceae），因其在萌芽状态下大多是花丝是直立的，并没有任何倾向于草本的习惯而有别于荨麻科。

随着分子生物学的发展，学者们逐渐尝试解决锥头麻科与荨麻科的关系。Hadiah（2008）的研究结果表明尽管 Cecropia、Coussapoa 的系统地位目前还不明确，但它与 Boehmerieae、Forsskaoleeae、Parietarieae 有着密切的联系，暗指 Cecropiaceae 不能从 Urticaceae 中独立出来成为单独一个科。Wu 等（2013）通过世界范围的广泛取样，深入探讨了该科族间、属间的系统发育关系，认为荨麻科为单系类群，并证明了锥头麻科（Cecropiaceae）应为荨麻科的一部分，这意味着将雄蕊是否内折作为两科间划分标准并不妥当；而雌蕊仅有一枚柱头，并且有基部或近基部着生的直立胚珠可作为荨麻科的重要识别特征。此外，明确了荨麻科应划分为四个主要分支。另外，荨麻科很多族和属的单系得到了较好的支持，但是苎麻属（Boehmeria）、赤车属（Pellionia）、雾水葛属（Pouzolzia）、Urera 均被证明为多系类群，而冷水花属（Pilea）和荨麻属（Urtica）分别有一个小属 Sarcopilea、Hesperocnide 包含其中。赤车属（Pellionia）作为广义楼梯草属（Elatostema s.l.）与楼梯草属、藤麻属（Procris）等的亲缘关系和界定一直存在争议，Tseng 等（2019）通过对广义楼梯草属的广泛取样，解决了这几个属的界定问题，认为楼梯草属应包含大部分赤车属植物，并排除 Elatostematoides 和藤麻属（Procris）而成为一个单系，被独立出来的 Elatostematoides 和藤麻属（Procris）均独立成属。Kim 等（2015）通过对荨麻族（Urticeae）12 个属的广泛取样，验证了其单系性，并指出 Gyrotaenia 应属于楼梯草族（Elatostemateae）。而荨麻族的属中，除 Urtica、Laportea、Urera 外也均为单系类群。除此之外，学者们还发现了该科两个新属，分别为征镒麻属（Zhengyia）和头序冷水花属（Metapilea）（Deng 等，2013；王文采，2016）。

在荨麻科的多样性形成、迁移、传播上，Wu 等（2018）结合分子系统学、分子钟、种子形态学、种子生理学、生态学、生物地理学和海洋学等多学科证据，对内陆植物种子跨洋长距离扩散机制进行了深入的研究。研究结果表明，荨麻科起源于晚白垩纪（距今大约 6900 万年前）的欧亚大陆，长距离扩散（至少 92 次）而不是隔离分化导致了该科植物现今地理分布格局。而荨麻科多数植物的种子能借助洋流越过海洋。通过进一步生态学分析发现，受干扰的生境有助于长距离扩散的发生。对于雌雄异株的植物，有可能会通过性别转换发生自交以实现物种的世代交替和繁衍，并在新的生境中建立居群。这一结论也得到了 Huang 等（2019）对荨麻族（Urticeae）研究结果的支持。

三、荨麻科生殖途径简介

荨麻科中的苎麻属（Boehmeria）、楼梯草属（Elatostema）及藤麻属（Procris）曾经被证实某些物种具有无融合生殖能力（Asker 和 Jerling，1992），其中以苎麻属的研究最为详尽。Yahara（1983，1986）针对日本苎麻属植物进行了形态学、地理分布、染色体数及标本的研究，提出苎麻属无配生殖的物种属于三倍体植物，且此三倍体与有性生殖的二倍体杂交产生四倍体个体，四倍体减数分裂产生的配子再与二倍体回交，产生三倍体—四倍体—三倍体循环假说。臧巩固（1995）则提出苎麻属某些种内居群间、居群内性别分化表现亦存在较大差别，这可能与苎麻属中同时存在无融种和多倍种的复杂种群结构有关；其种内性别表现具有多样性的特征，可能与苎麻属植物种内复杂的遗传结构有着密切的关系（臧巩固，1995；臧巩固和赵立宁，1996；赵立宁等，2003）。

而楼梯草属作为荨麻科中分化最为剧烈、变异最为丰富的属，其很多种类都是特殊生态环境的标志性植物，对特殊、局部、微小的生态环境的指示意义极大，该属植物狭域性分布使其在特化的破碎化生境中按环境演替，以及分布地的异质性沿着不同的方向进化，往往在相对狭小区域内演化出大量相似但又相异的种。我国楼梯草属中大部分种类在发表时仅采集到雌株或雄株的标本，如黑纹楼梯草（*Elatostema atrostriatum*）、马山楼梯草（*Elatostema mashanense*）、巴马楼梯草（*Elatostema bamaense*）等仅见雌株，而都匀楼梯草（*Elatostema duyunense*）仅见雄株（王文采与韦毅刚，2007，2008；韦毅刚和王文采，2009）。这些仅具雌株或雄株的种类，甚至包括一些已经发表了多年的老种，如华南楼梯草（*Elatostema balansae*）和锐齿楼梯草（*Elatostema cyrtandrifolium*）的大部分居群仅有雌株。Fu等（2017c）通过对广西产的11种12个居群楼梯草属植物进行了细胞学研究，发现其中7个居群所属的7个种仅见雌株，但仍能产生种子，均为染色体2n=39的三倍体，而5个两性皆有的种类均为染色体2n=26的二倍体。这些三倍体的居群被推测为孤雌生殖途径，并得到了后续流式细胞种子筛选法结果的支持（作者未发表结果）。我们在植物园物候观测时也已经发现多种荨麻科植物在仅没有雄花参与授粉的状态下，雌花仍能结成果实的情况。

无融合生殖的物种因为没有有性生殖的发生，可维持稳定的基因型，再加上基因纯化，植物的生长速度通常较快，所以对无融合生殖机理的探索对于农业及经济作物的改良有着莫大的作用。因此必将成为一项重要的研究和应用技术，具有广泛应用的前景（Bicknell and Koltunow，2004）。同时，无融合生殖作为植物生殖生物学的一个重要组成部分，对其深入探索将有助于阐明植物性别演化的重大问题。

四、荨麻科植物的药用价值、观赏价值及园林应用

1. 荨麻科植物的药用价值

我国荨麻科植物药用历史悠久，多为民间用药，应用价值较高，具有抗菌消炎、通经活络、跌打损伤、消积通便、解毒、祛风湿等效果。目前我国荨麻科植物中具有药用价值的共有17属82种，主要集中在荨麻属（*Urtica*）、火麻树属（*Dendrocnide*）、苎麻属（*Boehmeria*）、冷水花属（*Pilea*）、楼梯草属（*Elatostema*）和紫麻属（*Oreocnide*）。另外锥头麻属（*Poikilospermum*）、墙草属（*Parietaria*）、糯米团属（*Gonostegia*）等部分植物也具有一定的药用价值。

荨麻科植物的化学成分以黄酮类、有机酸类、木质素和酚类居多。例如蝎子草属（*Girardinia*）植物的主要成分为亚油酸和延胡索酸二酯（袁艺 等，1999）；而冷水花属（*Pilea*）中已知有多糖、多肽、还原糖、有机酸、黄酮类和挥发油等多种化学成分（牛延慧，2010）；狭叶荨麻（*Urtica angustifolia*）中鉴定出87种化合物及挥发油成分（关枫 等，2009）。针对包括荨麻属（*Urtica*）、蝎子草属（*Girardinia*）和冷水花属（*Pilea*）等的研究表明这些化学成分具有消炎抑菌、抗微生物、镇痛、抗免疫、抗肿瘤和抗凝血的作用。

2. 荨麻科植物的观赏价值和园林应用

荨麻科中不乏具有耐阴、抗寒、抗旱和抗逆等特点的种类，被广泛用于观赏和园林栽培中。具体而言，应求是等（2003）通过比较庐山楼梯草、赤车、蔓赤车、血水草和点腺过路黄等耐阴地被植物的净光合速率、气孔导度、叶绿素等参数，发现赤车的耐阴性最好，蔓赤车次之，说明这两种赤车植物具有更好的生长能力。而新宁楼梯草（对叶楼梯草的变种）在光照试验中表现出在30%光照的高遮蔽率下生长速率较快，具有较强的耐阴性（刘卫星，2007）。泡叶冷水花、紫背冷水花（疣果冷水花）和花叶冷水花在零度低温的抗性试验中达到了不同程度的抵御效果。因此，冷水花属（*Pilea*）的银叶冷水花（*Pilea spruceana*）、泡叶冷水花（*Pilea nummulariifolia*）、皱叶冷水花（*Pilea mollis*）、花叶冷水花（*Pilea cadierei*）和赤车属的吐烟花（*Pellionia repens*）等多见于花鸟市场和园林绿化中。而楼梯草属的庐山楼梯草（*Elatostema stewardii*）因其株型低矮，生长迅速，致密整齐，在密林下，也能滋繁，对地面的覆盖率可达100%。园林中，可用于布置岩石园、溪边、岸边、池塘边阴湿处，片植于林

下，高大建筑物阴面供观赏，而成为新兴的耐阴湿观叶地被植物（徐耀东 等，2009）。

近年来刚刚兴起的室内绿墙园林绿化方式在具体实施过程中表现出了室内绿墙植物种类单调、耐阴性差、维护成本高等诸多问题；而我国荨麻科的冷水花属（*Pilea*）、楼梯草属（*Elatostema*）和赤车属（*Pellionia*）植物资源种类丰富，草本或灌木等形态多样化，既有肉质类型也有草质类型，形态优雅，能大大补充室内绿墙绿化植物的种类，增加多样性。

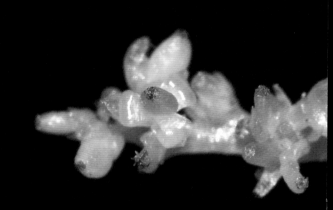

荨麻科

Urticaceae Juss., Gen. Pl. 400. 1789

　　草本、亚灌木或灌木，稀乔木或攀缘藤本，有时有刺毛；钟乳体点状、杆状或条形，在叶或有时在茎和花被的表皮细胞内隆起。茎常富含纤维，有时肉质。叶互生或对生，单叶；托叶存在，稀缺。花极小，单性，稀两性，风媒传粉，花被单层，稀2层；花序雌雄同株或异株，若同株时常为单性，有时两性（即雌雄花混生于同一花序），稀具两性花而成杂性，由若干小的团伞花序排成聚伞状、圆锥状、总状、伞房状、穗状、串珠式穗状、头状，有时花序轴上端发育成球状、杯状或盘状多少肉质的花序托，稀退化成单花。雄花：花被片4~5，有时3或2，稀1，覆瓦状排列或镊合状排列；雄蕊与花被片同数，花药2室，成熟时药壁纤维层细胞不等收缩，引起药壁破裂，并与花丝内表皮垫状细胞膨胀运动协调作用，将花粉向上弹射出；退化雌蕊常存在。雌花：花被片5~9，稀2或缺，分生或多少合生，花后常增大，宿存；退化雄蕊鳞片状，或缺；雌蕊由一心皮构成，子房1室，与花被离生或贴生，具雌蕊柄或无柄；花柱单一或无花柱，柱头头状、画笔头状、钻形、丝形、舌状或盾形；胚珠1，直立。果实为瘦果，有时为肉质核果状，常包被于宿存的花被内。种子具直生的胚；胚乳常为油质或缺；子叶肉质，卵形、椭圆形或圆形。

　　有47属，约1300种，分布于两半球热带与温带。我国有25属，352种，26亚种，63变种，3变型，产于全国各地，以长江流域以南亚热带和热带地区分布最多，多数种类喜好生于阴湿环境。

　　本科植物多数种类的茎皮富含纤维，是重要的纤维植物。有些种的嫩枝叶可食，有的用于栽培观赏。部分种类是南方山坡林下草本植被常见的建群植物。

各论
Genera and Species

苎麻属

Boehmeria Jacq.. Enum. Stst. Pl. 9, 31. 1760

　　灌木、小乔木、亚灌木或多年生草本。叶互生或对生，边缘有牙齿，不分裂，稀2~3裂，表面平滑或粗糙，基出脉3条，钟乳体点状；托叶通常分生，脱落。团伞花序生于叶腋，或排列成穗状花序或圆锥花序；苞片膜质，小。雄花：花被片（3~）4（~5），镊合状排列，下部常合生，椭圆形；雄蕊与花被片同数；退化雌蕊椭圆球形或倒卵球形。雌花：花被管状，顶端缢缩，有2~4个小齿，在果期稍增大，通常无纵肋；子房通常卵形，包于花被中，柱头丝形，密被柔毛，通常宿存。瘦果通常卵形，包于宿存花被之中，果皮薄，通常无光泽，无柄或有柄，或有翅。

　　约120种，分布于热带或亚热带，少数分布到温带地区。我国约有32种，自西南、华南至东北广布，多数分布于西南和华南。

1
序叶苎麻

别名： 序叶苎麻合麻仁、水苎麻、水苏麻、米麻、野麻藤

Boehmeria clidemicides var. *diffusa* (Wedd.) Hand.-Mazz., Symb. Sin. 7: 152. 1929

自然分布

云南、贵州、广西、广东、福建、浙江、安徽南部、江西、湖南、湖北西部、四川、甘肃和陕西的南部。生于海拔300～1700m的丘陵或低山山谷林中、林边、灌丛中、草坡或溪边。

迁地栽培形态特征

多年生草本或亚灌木。

茎 高0.9～3m，常多分枝，上部多少密被短伏毛。

叶 互生，或有时茎下部少数叶对生；叶片纸质或草质，卵形、狭卵形或长圆形，长5～14cm，宽2.5～7cm，顶端长渐尖或骤尖，基部圆形，稍偏斜，边缘自中部以上有小或粗牙齿，两面有短伏毛，上面常粗糙，基出脉3条，侧脉2～3对；叶柄长0.7～6.8cm。

花序 穗状花序单生叶腋，通常雌雄异株，长4～12.5cm；团伞花序直径2～3mm，除在穗状花序上着生外，也常生于叶腋。

花 雄花无梗，花被片4，椭圆形，长约1.2mm，下部合生，外面有疏毛；雄蕊4，长约2mm，花药长约0.6mm；退化雌蕊椭圆形，长约0.5mm。雌花花被椭圆形或狭倒卵形，长0.6～1mm。

果 果期长约1.5mm，顶端有2～3小齿，外面上部有短毛；柱头长0.7～1.8mm。

引种信息

桂林植物园 引种信息缺失。

华南植物园 自广东乐昌引种苗（登录号20060930）、自湖南桑植引种苗（登录号20070270）、自江西井冈山引种苗（登录号20100595）、自湖北恩施引种苗（登录号20140157）。

贵州省植物园 引种信息缺失。

物候

桂林植物园 花期9月；果期10～11月。

华南植物园 花期9～10月；果期10月至翌年3月。

贵州省植物园 花期8～11月。

迁地栽培要点

阴湿处林下种植。

主要用途

在四川民间全草或根供药用，治风湿、筋骨痛等症。茎、叶可饲猪。

植株

植株

雄花序及雄花

雌花序及雌花

2

野线麻

别名： 大叶苎麻、山麻、大蛮婆草、火麻风

Boehmeria japonica Miq., Ann. Mus. Bot. Lugduno-Batavi 3: 131. 1867

自然分布

广东、广西、贵州、湖南、江西、福建、台湾、浙江、江苏、安徽、湖北、四川、陕西、河南南部、山东。生于海拔300~1300m的丘陵或低山山地灌丛中、疏林中、田边或溪边。

迁地栽培形态特征

亚灌木或多年生草本。

🌿 茎 高0.6~1.5m，上部通常有较密的开展或贴伏的糙毛。

🍃 叶 叶对生，同一对叶等大或稍不等大；叶片纸质，近圆形、圆卵形或卵形，长7~17cm，宽5.5~13cm，顶端骤尖，有时不明显三骤尖，基部宽楔形或截形，边缘在基部之上有牙齿，上面粗糙，有短糙伏毛，下面沿脉网有短柔毛，侧脉1~2对；叶柄长达6cm。

🌸 花序 穗状花序单生叶腋，雌雄异株，不分枝，有时具少数分枝，雄的长约3cm，雌的长7~20cm；雄团伞花序直径约1.5mm，雌团伞花序直径2~4mm；苞片卵状三角形或狭披针形，长0.8~1.5mm。

🌼 花 雄花花被片4，椭圆形，长约1mm，基部合生，外面被短糙伏毛；雄蕊4，花药长约0.5mm。雌花花被倒卵状纺锤形，长1~1.2mm，上部密被糙毛；柱头长1.2~1.5mm。

🍈 果 瘦果倒卵球形，长约1mm，光滑。

引种信息

桂林植物园 自广西靖西引种苗（引种号am6775）。

华南植物园 自广东阳春引种苗（登录号20011522）。

贵州省植物园 引种信息缺失。

物候

桂林植物园 花期5~9月；果期5~10月。

华南植物园 花期8~10月。

贵州省植物园 花期7~11月。

迁地栽培要点

阴湿处林下种植。

主要用途

茎皮纤维可代麻，供纺织麻布用。叶供药用，可清热解毒、消肿，治疮疖，又可饲猪。

植株

叶背面

果序及果

植株

3
水苎麻

别名： 水麻、癞蛤蟆棵

Boehmeria macrophylla D. Don, Prodr. Fl. Nepal. 60. 1825

植株

自然分布

西藏、云南、广西和广东。生于海拔1800~3000m的山谷林下或沟边。

迁地栽培形态特征

亚灌木或多年生草本。

🌿 茎 高1~2（~3.5）m，上部有疏或稍密的短伏毛。

🌿 叶 对生或近对生；叶片卵形或椭圆状卵形，长6.5~14cm，宽3.2~7.5cm，顶端长骤尖或渐尖，基部圆形或浅心形，稍偏斜，边缘自基部之上有多数小牙齿，上面稍粗糙，有短伏毛，脉平，间或下陷呈泡状，下面疏被短伏毛，脉网稍明显，侧脉 2~3 对；叶柄长 0.8~8cm，同一对叶的柄不等长。

花序 穗状花序单生叶腋，雌雄异株或同株，雌的位于茎上部，其下为雄的，长 7~15cm，通常有稀疏近平展的短分枝，呈圆锥状；团伞花序直径 1~2.5mm。

花 雄花花被片 4，船状椭圆形，长约 1mm，外面有稀疏短毛；雄蕊 4，长约 1.5mm，花药长约 0.6mm；退化雌蕊狭倒卵形，长约 0.4mm。雌花花被纺锤形或椭圆形，长约 1mm，顶端有 2 小齿，外面上部有短毛；柱头长 1~1.6mm。

果 瘦果椭圆形，长约 1mm，光滑。

引种信息

桂林植物园 引种信息缺失。

华南植物园 自广东英德引种苗（登录号 20031380）。

物候

桂林植物园 花期 9~10 月；果期 10~12 月。

华南植物园 花期 9~10 月；果期 10 月至翌年 1 月。

迁地栽培要点

阴湿处林下种植。

主要用途

产茎皮纤维，长而细软，拉力强，可做人造棉、纺纱、制绳索、织麻袋等。全草可作兽药，治牛软脚症等。

叶背及托叶　　雄花序及雄花　　雌花序及雌花

4

束序苎麻

别名： 八楞马、大接骨、大糯叶、双合合

Boehmeria siamensis Craib, Bull. Misc. Inform. Kew 1916 (10): 269. 1916

自然分布

云南、广西、贵州。生于海拔400～1700m的山地阳坡灌丛中或疏林中。

迁地栽培形态特征

灌木。

茎 高1～3m；小枝疏或密被短伏毛；芽卵形或狭卵形，长2～5mm，鳞片三角状卵形。

叶 对生；叶片厚纸质，狭卵形、椭圆形或狭椭圆形，长5～15cm，宽2～8cm，顶端短渐尖或急尖，基部浅心形或圆形，稍偏斜，边缘在基部之上有多数小牙齿，两面疏被短伏毛，侧脉3～4对，下面隆起，脉网明显；叶柄长0.2～1cm；托叶狭三角形或钻形，长6～8mm。

花序 穗状花序在当年生枝顶部单生叶腋，在其下，2～4条生叶腋或落叶腋部，在同一植株全为雌性，或枝上部的雌性，其下的两性或雄性，长4～6cm；团伞花序直径1.5～2.5mm，密集，互相邻接；苞片卵形或椭圆形，长2.5～3.5mm，背面有短柔毛。

花 雄花花被片4，椭圆形，长1.8～2mm，合生至中部，外面有短柔毛；雄蕊4，长约2.5mm，花药长约0.8mm；退化雌蕊倒卵形，长约0.4mm。雌花花被纺锤形，长约1mm，顶端约有3小齿，外面被柔毛，果期呈菱状狭倒卵形或仍为纺锤形，长1.8～2mm；柱头长约0.8mm。

果 瘦果卵球形，长约0.8mm，光滑。

引种信息

桂林植物园 引种信息缺失。

华南植物园 自云南勐仑引种苗（登录号20042728）、自广西东兴引种苗（登录号20131529）。

物候

桂林植物园 花期4～7月；果期4～8月。

华南植物园 花期5～9月；果期10月。

迁地栽培要点

阴湿处林下种植。

主要用途

全草或根供药用，效用参阅苎麻。

雌花序及雌花

花序

植株

5

悬铃叶苎麻

别名：八角麻、野苎麻、方麻、龟叶麻、山麻

Boehmeria tricuspis Makino, Bot. Mag. Tokyo 26: 387. 1912

植株

自然分布

广东、广西、贵州、湖南、江西、福建、浙江、江苏、安徽、湖北、四川、甘肃、陕西、河南、山西、山东、河北。生于海拔500～1400m的低山山谷疏林下、沟边或田边。

迁地栽培形态特征

亚灌木或多年生草本。

🌿 **茎** 高50～150cm，中部以上与叶柄和花序轴密被短毛。

🍃 **叶** 对生，稀互生；叶片纸质，扁五角形或扁圆卵形，茎上部叶常为卵形，长8～12cm，宽7～14cm，顶部三骤尖或三浅裂，基部截形、浅心形或宽楔形，边缘有粗牙齿，上面粗糙，有糙伏毛，下面密被短柔毛，侧脉2对；叶柄长1.5～6（～10）cm。

花序 穗状花序单生叶腋，或同一植株的全为雌性，或茎上部的雌性，其下的为雄性，雌的长5.5~24cm，分枝呈圆锥状或不分枝，雄的长8~17cm，分枝呈圆锥状；团伞花序直径1~2.5mm。

花 雄花花被片4，椭圆形，长约1mm，下部合生，外面上部疏被短毛；雄蕊4，长约1.6mm，花药长约0.6mm；退化雌蕊椭圆形，长约0.6mm。雌花花被椭圆形，长0.5~0.6mm，齿不明显，外面有密柔毛，果期呈楔形至倒卵状菱形，长约1.2mm；柱头长1~1.6mm。

果 未见。

引种信息
桂林植物园 引种信息缺失。

华南植物园 自江西井岗山引种苗（登录号20032749、20041430）、自江西庐山引种苗（登录号20051359）、自广东连州引种苗（登录号20033186）。

贵州省植物园 引种信息缺失。

物候
桂林植物园 花期4~5月；果期5~7月。

华南植物园 花期4~6月和7~10月；果期11月至翌年2月。

贵州省植物园 花期8~9月。

迁地栽培要点
阴湿处林下种植。

主要用途
茎皮纤维坚韧，光泽如丝，弹力和拉力都很强，可纺纱织布，也可做高级纸张；民间常用茎皮搓绳，编草鞋。根、叶药用，治外伤出血、跌打肿痛、风疹、荨麻疹等症。叶可作猪饲料。种子含脂肪油，可制肥皂及食用。

果序及果

植株

花序

水麻属

Debregeasia Gaudich., Voy. Bonite, Bot., Atlas, t. 90. 1844

灌木或小乔木，无刺毛。叶互生，具柄，边缘具细牙齿或细锯齿，基出3脉，下面被白色或灰白色毡毛，钟乳体点状；托叶干膜质，柄内合生，顶端2裂，不久脱落。花单性，雌雄同株或异株，雄的团伞花簇常由10余朵花组成，雌的球形，多数花组成，着生于每分枝的顶端，花序二歧聚伞状分枝或二歧分枝，稀单生，成对生于叶腋。雄花：花被片3~4（~5），镊合状排列；雄蕊3~4（~5）；退化雌蕊常倒卵形，在基部围以白绵毛。雌花：花被合生成管状，顶端紧缩，有3~4齿，包被着子房，果时膜质与果实离生，或增厚变肉质，贴生于果实；柱头画笔头状，具帚刷状的长毛柱头组织，宿存。瘦果浆果状，常梨形或壶形，在下部常紧缩成柄，内果皮多少骨质化，外果皮肉质；宿存花被增厚变肉质，贴生于果实而在柄处则离生，或膜质，与果实离生；种子倒卵形，多少压扁，胚乳常丰富，子叶圆形。

本属约6种，主要分布于亚洲东部的亚热带和热带地区，1种分布至非洲北部。我国6种均产，分布于长江流域以南省区。

本属植物的韧皮纤维是良好的代麻用原料，果实可食、酿酒，叶可作饲料。

6
鳞片水麻

别名： 大血吉、野苎麻、山苎麻、山草麻、山野麻

Debregeasia squamata King ex Hook. Fl. Brit. Ind. 5: 591. 1888

植株

自然分布

云南东南部、贵州南部、广西、广东、海南和福建西南部。常生于海拔150~1500m的溪谷两岸阴湿的灌丛中。

迁地栽培形态特征

落叶矮灌木。

🌱 高达1~2m，分枝粗壮，幼时带绿色，有槽，以后变棕色，圆筒状，有伸展的皮刺和贴生短柔毛；皮刺肉质，弯生，长2~5mm，红色，贴生稀疏的短柔毛。

🍃 薄纸质，卵形或心形，顶端短渐尖，基部圆形至心形，长6~16，宽4~12cm，边缘具牙齿，上面暗绿色，疏生伏毛，有时老叶具细泡状隆起，下面灰绿色，在脉网内被一层薄的短毡毛，在脉上

35

有短柔毛，钟乳体点状，在上面明显，基出脉3条，基侧出2脉弧曲，伸达上部，侧脉常3对，在近边缘彼此网结，外向二级脉8~10条，在近边缘相互网结，并伸达齿尖，细脉横生，密结成网，各级脉在下面均隆起；叶柄长2.5~7cm，毛被同小枝；托叶宽披针形，在上部的三分之一处2裂，长约8mm，在背面密被短柔毛，具缘毛。

花序 花序雌雄同株，生当年生枝和老枝上，长1~2cm，2~3回二歧分枝，花序梗长0.5cm，团伞花簇由多数雌花和少数雄花组成，径3~4mm，苞片三角状披针形，长约0.6~1mm，背面密被短柔毛。

花 雄花具短梗，黄绿色；花被片3或4，合生至中部，宽卵形，顶端锐尖，背面密被短柔毛；雄蕊3或4。雌花较小，黄绿色，倒卵形，长约0.6mm；花被薄膜质，合生成梨形，顶端4齿，与子房明显离生，外面无毛；子房倒卵形，具短柄；柱头短圆锥状，长约0.2mm，周围生帚刷状的长毛，宿存。

果 瘦果浆果状，橙红色，梨形，具短柄，长约1mm，外果皮肉质，宿存花被薄膜质壶形，包被着果实。

引种信息

桂林植物园　自广西百色引种苗（引种号HSL20150324-01）。

物候

桂林植物园　花期8~10月；果期10月至翌年1月。

迁地栽培要点

阴湿处林下种植。

主要用途

无。

植株　　叶背　　茎上的鳞片　　果序及果

火麻树属

Dendrocnide Miq., Pl. Jungh. 1: 29. 1851

乔木或灌木，具刺毛。叶螺旋状互生，具柄，常革质或纸质，全缘、波状或有齿，常具羽状脉，少数具3～5出基脉，钟乳体点状；托叶常较大，在叶柄内完全合生，革质，不久脱落。花单性，雌雄异株；花序聚伞圆锥状，单生于叶腋；雌的团伞花序常具多少膨大的肉质的序梗。雄花4或5基数；退化雌蕊明显。雌花4基数；花被片多少合生，裂片近等大，侧生2枚稍大；退化雄蕊缺；子房直立，柱头丝形或舌形。瘦果较大，稍偏斜，两侧压扁，两面有疣状突起物，宿存柱头向下弯；花梗在果时腊肠状。

本属约36种，分布东南亚、大洋洲和太平洋岛屿的热带地区。我国有5种，1变种，1变型，分布我国台湾、广东南部、海南、广西西南部、云南西南部至东南部与西藏东南部的热带地区。

本属植物的刺毛毒性很强，刺伤人体、牲畜后有难以忍受的痛痒感，皮肤出现斑状红肿，要数小时到数天才能消散，有的种类甚至还会引起儿童或幼畜死亡。

7

火麻树

别名: 树火麻、麻风树、电树、麦郭罕

Dendrocnide urentissima (Gagnep.) Chew, Gard. Bull. Singapore 21: 207. 1965

植株

自然分布

云南和广西。生于海拔800～1300m的石灰岩山的混交林中。

迁地栽培形态特征

乔木。

茎 高3～15m,胸径8～20cm,树皮灰白色,皮孔椭圆形;小枝浑圆,中空,上部被短茸毛和刺毛,后渐变无毛,叶痕明显,半圆形。

叶 生于枝的顶端,纸质,心形,长15～25cm,宽12～22cm,顶端渐尖,基部心形,边缘全缘或有不明显的细齿,上面深绿色,生糙伏毛和稀疏的刺毛,下面被短茸毛和极小的红色腺点,脉上疏生刺毛,钟乳体细点状,上面较明显,基出脉3～5条,下面一对较细短,上面一对弧曲,达中部近边缘,与侧脉网结,侧脉5～7对,弧曲,在近边缘处彼此网结;叶柄长7～15cm,初时被短茸毛和疏生小刺毛;托叶宽三角状卵形,长约1cm,背面被短柔毛,早落。

花序 雌雄异株,生小枝近顶部叶腋,长圆锥状;雄花序具短梗,长达约20cm,序轴上密生短柔毛;雌花序长达50cm,花序梗长达25cm,序轴和花枝上密生短柔毛和刺毛,常有极小的红色腺点。

花 雄花近无梗,花被片5,卵形,外面被微毛;雄蕊5。雌花无梗;花被片4,近等大;柱头丝形,长2～3mm。

果 瘦果近圆形，歪斜，压扁，长约3mm，熟时变黑红色，两面有明显的疣点。

引种信息

　　桂林植物园　自广西引种苗。

物候

　　桂林植物园　花期9~10月；果期10~11月。

迁地栽培要点

　　阴湿处林下种植。

主要用途

　　无。

植株

叶背

托叶痕

39

楼梯草属

Elatostema J. R. Forst. & G.Forst., Char Gen Pl. 53. 1775

　　小灌木，亚灌木或草本。叶互生，在茎上排成二列，具短柄或无柄，两侧不对称，狭侧向上，宽侧向下，边缘具齿，稀全缘，具三出脉、半离基三出脉或羽状脉，钟乳体纺锤形或线形，稀点状或不存在，托叶存在；退化叶有时存在。花序雌雄同株或异株，无梗或有梗，雄花序有时分枝呈聚伞状，通常雄、雌花序均不分枝，具明显或不明显的花序托，有多数或少数花；花序托常呈盘形，稀呈梨形；苞片少数或多数，沿花序托边缘形成总苞，稀不存在；在花之间有小苞片。雄花：花被片（3～）4～5，椭圆形，基部合生，在外面顶部之下常有角状突起；雄蕊与花被片同数，并与之对生；退化雌蕊小，或不存在。雌花：花被片极小，长在子房长度的一半以下，3～4片，无角状突起，常不存在；退化雄蕊小，常3片，狭条形；子房椭圆形，柱头小，画笔头状，花柱不存在。瘦果狭卵球形或椭圆球形，稍扁，常有6～8条细纵肋，稀光滑或有小瘤状突起。

　　约350种，分布于亚洲、大洋洲和非洲的热带和亚热带地区。我国约有137种，自西南、华南至秦岭广布，多数分布于云南、广西、四川和贵州等省区。

8

渐尖楼梯草

Elatostema acuminatum (Poir.) Brongn., Bot. Voy. Coquille 211. 1834

自然分布

云南、广东、海南。生于海拔500~1500m的山谷密林中。

迁地栽培形态特征

亚灌木。

🌿 茎 高约40cm，多分枝，无毛。

🌿 叶 具短柄或无柄，无毛；叶片草质，干后不变黑，斜狭椭圆形或长圆形，长2~10cm，宽0.9~3.4cm，顶端骤尖或渐尖（骤尖头全缘），基部在狭侧楔形、在宽侧楔形或宽楔形，边缘在宽侧有3~7钝齿，钟乳体不存在，或极小，长约1mm，半离基三出脉或三出脉，侧脉在狭侧约3条，在宽侧约4条；叶柄长达2mm；托叶狭条形或钻形，长1~2.2mm。

🌿 花序 花序雌雄异株或同株。雄花序近无梗，直径约5mm，约4个簇生叶腋；花序托小；苞片狭卵形或宽条形，长1~1.5mm。雌花序成对腋生，无梗，直径3~5mm；花序托极小；苞片数个，正三角形或三角形，长约0.8mm；小苞片狭条形，长0.7~1.2mm，无毛。

🌿 花 雄花：花被片5，椭圆形，长约1mm，下部合生，无毛；雄蕊5；退化雌蕊不存在。雌花具短梗：花被片约3，狭披针形，长约0.4mm。

🌿 果 未见。

引种信息

桂林植物园 自广西龙州引种苗（引种号XZB20180127-04）。

昆明植物园 引种信息缺失。

物候

桂林植物园 花期5~7月。

昆明植物园 花期3~4月。

迁地栽培要点

阴湿处林下种植。

主要用途

无。

植株

叶背

雄花序（幼）

植株

雄花序及雄花

9
拟疏毛楼梯草

Elatostema albopilosoides Q. Lin & L. D. Duan, Bot. J. Lin. Soc. 158: 674. 2008

植株

自然分布

贵州。生于海拔750～800m的石灰岩山岩间或巨坑溪边阴湿处。

迁地栽培形态特征

多年生草本。

㊀ 高5～12cm，被短柔毛，具纵棱，分枝。

㊁ 具短柄或无同叶片纸质，斜倒被针状长圆形或狭倒卵形，长12～17cm，宽3.5～6cm。顶端渐尖（尖头边缘有小齿）。基部狭侧楔形，宽侧耳形，边缘具小牙齿、上面被糙伏毛，下面脉上被短毛（毛长0.05～0.15mm）。羽状脉，侧脉7～9对，钟乳体不明显，密集，杆状，长0.1～0.2mm，叶柄长达5mm；托叶装披针形或披针形，长13～16mm，宽2～4mm，被贴伏短毛，有钟乳体。

㊂ 花序雌雄同株。雄头状花序单生叶腋，花序梗长4～9.5mm，无毛；花序托宽椭圆形，长1.8～2.8cm，宽1.5～2mm，无毛；苞片淡黑色，6，排成2层：外层2枚对生，较大，宽卵形，长

10～15mm；内层4枚较小，圆卵形，长8～12mm无毛；小苞片膜质、半透明，倒卵形、披针形成船形，长1.5～4mm，宽1～3mm，无毛。雌头状花序单生叶腋；花序梗长1～6cm，花序托宽长长圆形或近方形，长0.7～2.7cm，宽0.7～2.4cm，无毛，苞片2～3层，外层苞片或2枚，对生，扁宽卵形，不明显，顶端具角状突起，或数目较多，横条形，长约0.7mm，边缘不规则或浅波状，无突起，内层苞片扁宽卵形或近横条形，约长0.6mm，宽2.5～3mm，无毛，顶端有时具短尖头；小苞片密集，膜质，半透明，狭倒披针形、条形或倒卵状长圆形，长0.8～1.2mm，顶端常带褐色。

🌸 **花** 雄花，花被片5，红色。基部合生，雄蕊5，退化雌蕊小。雌花未发育。

🔴 **果** 未见。

引种信息

桂林植物园 自贵州荔波引种苗（引种号CB002）。

物候

桂林植物园 花期6月。

迁地栽培要点

阴湿处林下种植。

主要用途

无。

植株 叶背 托叶 雄花序及雄花

10
深绿楼梯草

Elatostema atroviride W. T. Wang, Bull. Bot. Lab. N. E. Forest Inst., Harbin 7: 83. 1980

植株

自然分布

广西。生于海拔230～450m的石灰山林中。

迁地栽培形态特征

多年生草本。

🌿 茎 茎高约30cm，分枝，顶部疏被开展短柔毛。

🍃 叶 叶有短柄或无柄；叶片草质，斜狭倒卵形或斜椭圆形，有时稍镰状弯曲，长6～10cm，宽2.8～5cm，顶端骤尖，渐升或短渐尖，基部斜楔形，边缘在狭侧下部全缘，其上及宽侧基部之上有牙齿，上面散生少数白色糙伏毛，下面沿中脉及侧脉有稍密短柔毛，其他部分的毛稀疏或变无毛，钟乳体明显，密，长0.1～0.3mm，半离基三出脉，侧脉在狭侧3～4条，在宽侧4～5条；叶柄长2～4.5mm；

托叶条形或条状披针形，长3～3.5mm。

花序 花序雌雄同株或异株。雄花序生分枝处，具梗；花序梗粗壮，长约1.5cm，被疏柔毛；花序托椭圆形，长约2.7cm，宽1.7cm，无毛；苞片不存在；小苞片多数，半透明，条形，长2～3.5mm，顶端被短柔毛。雌花序单生叶腋，有短或长梗；花序梗长1.5～2（～9）mm，有短柔毛；花序托近长方形或蝴蝶形，长5～12mm，宽3～7mm，不分裂或2裂，无毛；苞片多数，扁三角形，长约0.5mm，顶端有长1.2～1.8mm的绿色细角状突起，被短柔毛；小苞片多数，匙状条形，长0.5～1mm，顶端有短柔毛。

花 雄花多数；花梗长3～4mm，无毛；花被片4，椭圆形，长约2mm，2枚外面顶端之下有短角状突起，被疏柔毛；雄蕊4；退化雌蕊不明显。雌花无明显花被片；子房椭圆形，长0.3mm，柱头小。

果 瘦果椭圆球形，长0.7～1mm，有3～6条纵肋和小瘤状突起。

引种信息

桂林植物园 自广西靖西引种苗（引种号XZB20180126–01）。

物候

桂林植物园 花期10～12月；果期11月至翌年1月。

迁地栽培要点

阴湿处林下种植。

主要用途

无。

叶背

雄花序（幼）

植株

果序及瘦果

11

迭叶楼梯草

Elatostema salvinioides W. T. Wang, Bull. Bot. Lab. N. E. Forest. Harbin Inst. 7: 45. 1980

自然分布

云南。生于海拔720～1600m的山谷林中石上。

迁地栽培形态特征

多年生草本。

茎 茎高12～17cm，不分枝，有明显的钟乳体，中部及上部有多数（18～22）叶，上部疏被短柔毛，下部无毛，无叶，但密生托叶状低出叶。叶排成2列，初互相覆压，后稍稀疏，有短柄或近无柄，无毛。

叶 叶片草质，斜长圆形或狭椭圆形，长10～19mm，宽4～6mm，顶端钝或圆形，基部斜心形，茎下部叶边缘全缘，茎上部叶边缘在上侧近顶端有1～2浅钝齿，在下侧全缘或近顶端有1浅钝齿，下面密被圆形小鳞片，钟乳体只沿边缘及中脉分布，明显，长0.25～1mm，脉不明显；退化叶狭倒卵状长圆形，长4～6mm，宽1.2～1.6mm，顶端急尖或钝，边缘白色，全缘，常有少数睫毛；叶柄长0.2～1.1mm；托叶膜质，褐色，心形、正三角形或狭三角形，长1～4mm，基部斜心形，无毛。

花序 花序雌雄异株。雄花序未见。雌花序单生叶腋，无梗，直径约1mm，有4～5花；花序托不明显；苞片5～6，长圆状披针形或狭长圆形，长0.8～1mm，外面密被短柔毛；小苞片少数，狭条形，长约0.5mm。

花 雄花未见。雌花近无梗；花被片不明显；子房椭圆形，长约0.3mm，画笔头状柱头白色。

果 未见。

引种信息

桂林植物园 自云南镇康引种苗（引种号WF180123-03）。

物候

桂林植物园 花期4～5月。

迁地栽培要点

阴湿处林下种植。

主要用途

无。

植株

植株（冬眠）

植株

雌花序及雌花

12
星序楼梯草

Elatostema asterocephalum W. T. Wang, Bull. Bot. Lab. N. E. Forest. Inst., Harbin 7: 40. 1980

植株

自然分布

广西。生于石灰岩山林中。

迁地栽培形态特征

多年生小草本。

茎 高10~14cm，不分枝，无毛。

叶 无柄或具极短柄，无毛；叶片草质，斜椭圆形或斜狭倒卵形，长4~7.8cm，宽1.6~2.8cm，顶端骤尖或渐尖，基部在狭侧楔形，在宽侧近耳形，边缘在中部之上有浅牙齿，钟乳体明显或不明显，密，长0.4~0.7mm，半离基三出脉，侧脉在每侧2条；叶柄长0.5mm；托叶钻形，长约2mm。

花序 花序雌雄同株或异株。雄花序单生茎顶叶腋，无梗，直径约7mm；花序托不明显；苞片2，三角状卵形，长5~7mm，顶端渐尖，外面顶端之下有短角状突起，无毛；小苞片船状卵形，长3~4.5mm，外面顶端之下有短角状突起，无毛。雌花序无梗，直径约4mm；花序托小，周围有多数苞片；苞片狭三角形或条状披针形，长1.5~1.8mm，顶端有短突起，上部疏被睫毛；小苞片披针状条形，

49

长约1mm，顶端有短突起，疏被睫毛。

🌸 **花** 雄花花被片4～5，狭长圆形，长2.5～3mm，基部合生，外面顶端有短柔毛，其下有长0.8～1.5mm的角状突起；雄蕊4～5。雌花花被不明显；子房长约0.2mm，柱头与子房近等长。

🟤 **果** 淡褐色，狭椭圆体形，长约0.8mm，有6～8条纵肋和极小瘤状突起。

引种信息

桂林植物园 自广西龙州板闭引种苗（引种号XZB20180127–03）。

物候

桂林植物园 花期2～4月；果期4～5月。

迁地栽培要点

阴湿处林下种植。

主要用途

无。

叶背

植株

雄花序（幼）

13

华南楼梯草

Elatostema balansae Gagnep., Bull. Soc. Bot. France 76: 80. 1929

植株

自然分布

西藏、云南、四川、湖南、贵州、广西和广东。生于海拔300～2100m的山谷林中或沟边阴湿地。

迁地栽培形态特征

多年生草本。

茎 高20～40（～80）cm，不分枝或分枝，无毛或有短柔毛。

叶 无柄或有短柄；叶片草质，斜椭圆形至长圆形，长6～17cm，宽3～6cm，顶端骤尖或渐尖，基部狭侧楔形，宽侧宽楔形或圆形，边缘基部之上有牙齿，上面散生糙伏毛，下面有疏柔毛或无毛，钟乳体通常明显，极密，长0.1～0.3mm，半离基三出脉或三出脉，侧脉在狭侧3～4条，在宽侧4～5条；叶柄长达2mm；托叶披针形，长5～10mm。

花序 雌雄异株。雄花序未见。雌花序1～2个腋生，无梗或有极短梗；花序托近方形、长方形或椭圆形，长3～9mm，常不等浅裂，有短柔毛或无毛；苞片扁三角形，不明显，长约0.6mm，顶端有长0.5～1.5mm的粗角状突起；小苞片密集，匙状条形，长0.8～1.2mm，上部有柔毛。

花　雄花未见。雌花具短梗，花被片3，狭条形，长约0.2mm；柱头画笔头形，长0.25～0.3mm。

果　瘦果椭圆球形或椭圆状卵球形，长0.5～0.6mm，约有8条纵肋。

引种信息

　　桂林植物园　自广西靖西引种苗（引种号XZB20180125-03）、自广西凤山引种苗（引种号XZB20180128-03）。

物候

　　桂林植物园　花期4～6月；果期5月。

迁地栽培要点

　　阴湿处林下种植。

主要用途

　　无。

植株

叶背

雌花序及雌花

14
巴马楼梯草

Elatostema bamaense W. T. Wang & Y. G. Wei, Ann. Bot. Fenn. 48: 93. 2011

植株

自然分布

广西。生于海拔300m的石灰岩洞穴阴湿土上。

迁地栽培形态特征

多年生草本。

🌱 茎 高28~32cm，无毛。

🍃 叶 长20~90mm，宽6~22mm，长圆形或狭倒披针形，无毛，纸质；钟乳体0.1~0.15mm；叶脉羽状，基部宽侧楔形或钝；叶缘具小齿；顶端长渐尖或尾状渐尖；叶柄长1~3mm；托叶长1.5~2mm，钻形。

🌸 花序 雄花序未见。雌花序单生叶腋，头状，花序梗长0.3mm；花序托直径约1mm；苞片约14个，长0.8~4mm，宽0.2~0.3mm，狭披针形，无毛；小苞片约1mm，船状卵形，被纤毛。

🌺 花 未见。

🍎 果 瘦果长1mm，狭卵形，具瘤状突起。

引种信息

桂林植物园 自广西巴马引种苗（引种号FLF20151010–01）。

物候

桂林植物园　果期4月。

迁地栽培要点

阴湿处林下种植。

主要用途

无。

植株

叶背

雌花序

15
双对生楼梯草

Elatostema biop(positum L. D. Duan & Yun Lin, Bangladesh J. Pl. Taxon. 20 (2): 179. 2013

植株

自然分布

广西。生于海拔410~550m的石灰岩山常绿阔叶林下。

迁地栽培形态特征

多年生草本。

茎 高40~80cm，不分枝，无毛。

叶 无毛；叶片纸质，斜长圆形，长7~19.5cm，宽3~11.5cm，顶端渐尖或急尖，基部狭侧楔形，宽侧圆形，边缘有小牙齿，具羽状脉，侧脉5~6对，钟乳体杆状，长0.2~0.6mm；叶柄长2~10mm；托叶披针状条形，长1.2~2.5mm，宽2~4.5mm。

花序 雌雄异株。雄头状花序成对腋生，无毛；花序梗长2~3mm；花序托蝴蝶形或肾形，宽1.5~3cm；苞片不明显；小苞片多数，条形，长1.5~2mm。雌头状花序未见。

花 雄花四基数。雌花未见。

果 未见。

引种信息

    桂林植物园   自广西龙州板闭引种苗（引种号WYG150610-15）。

物候

    桂林植物园   花期4～5月。

迁地栽培要点

    阴湿处林下种植。

主要用途

    无。

植株

叶背

雄花序及雄花

16

短齿楼梯草

Elatostema brachyodontum (Hand.-Mazz.) W. T. Wang, Bull. Bot. Lab. N. E. Forest. Inst., Harbin 7: 90. 1980

植株

自然分布

广西、贵州、湖南、四川、湖北。生于海拔500~1100m山谷林中或沟边石上。

迁地栽培形态特征

多年生草本。

🌱 茎 高60~100cm，上部有短分枝，无毛。

🍃 叶 具短柄或无柄；叶片草质或薄纸质，斜长圆形，有时稍镰状弯曲，长7~17cm，宽2.5~5.5cm，顶端突渐尖，基部在狭侧楔形或钝，在宽侧楔形或宽楔形，边缘下部全缘，其上通常有浅而钝的牙齿，无毛，间或上面散生少数短毛，钟乳体明显，密，长0.1~0.2mm，叶脉羽状，侧脉每侧5~7条；叶柄长1.5~4mm，无毛；托叶钻形，长1.5~2.5mm，无毛，早落。

花序 雌雄同株或异株，单生叶腋。雄花序未见。雌花序具极短梗，有多数花；花序托长方形或近方形，长3~10mm，边缘的苞片宽卵形，顶端有长1~2mm的角状突起；小苞片多数，密集，倒梯形，长约1mm。

花 雄花未见。雌花无梗或有梗，子房狭卵形，与小苞片近等长。

果 未见。

引种信息

桂林植物园 自云南马关坡脚引种苗（引种号WF180126-09）。

华南植物园 自湖北恩施引种苗（登录号20140343）。

物候

桂林植物园 花期6~9月。

华南植物园 花期5~12月。

迁地栽培要点

阴湿处林下种植。

主要用途

在四川古蔺民间供药用，全草可祛风去湿。

叶背

雌花序（幼）

雌花序（幼）

植株

17

侧岭楼梯草

Elatostema celingense W. T. Wang, Y. G. Wei & A. K. Monro, Phytotaxa 29: 4. 2011

自然分布

广西。生于海拔550m的石灰岩山洞阴湿处。

迁地栽培形态特征

多年生小草本。

茎 高约11cm，下部被糙伏毛，上部被稍开展的短硬毛，不分枝。

叶 约有10叶。叶无柄；叶片纸质，斜椭圆形，长1～5.5cm，宽0.5～2cm，顶端渐尖或急尖，基部斜宽楔形，边缘有小牙齿，上面疏被糙伏毛，下面贴伏短硬毛，脉上毛密，半离基三出脉，侧脉在叶狭侧2～4条，在宽侧5～7条，钟乳体不明显，稍密，杆状，长0.05～0.35mm；托叶条状披针形，长2～3mm，宽0.2～0.4mm，无毛。

花序 雄头状花序单生叶腋，直径约6mm，约有10花；花序梗长约1mm，无毛；花序托不明显；苞片约6，顶端具长0.8～1mm的角状突起，不等大，1枚较大，横长方形，长约2.5mm，宽4mm，背面有3条纵翅，长约2.5mm，宽4mm，被缘毛，其他5枚苞片较小，倒卵形，长2～2.5mm，宽1.5～1.8mm，背面有1条纵翅，翅半长椭圆形，长1.5～2mm，宽0.2～0.5mm，被缘毛；小苞片膜质，半透明，长圆形或狭长圆形，长1～1.2mm，有1纵脉和一些短线纹.顶端被缘毛。雌头状花序未见。

花 雄花花梗长约2.5mm；花被片4，狭长圆形，长约1.5mm，下部合生，外面顶端之下有1短角状突起，无毛，有少数钟乳体；雄蕊4，长约1.2mm。雌花未见。

果 未见。

引种信息

桂林植物园　自广西河池侧岭洞引种苗（引种号XZB20180129-02）。

物候

桂林植物园　花期4～5月。

迁地栽培要点

阴湿处林下种植。

主要用途

无。

植株

植株

雌花序（幼）

叶背

18

革叶楼梯草

Elatostema coriaceifolium W. T. Wang, Acta Phytotax. Sin. 31 (2): 170. 1993

植株

自然分布

广西和贵州。生于海拔470~900m的石灰岩山区山谷林下或岩洞中阴湿处。

迁地栽培形态特征

多年生草本。

🌱 茎 5~10条丛生，高14~18cm，基部粗1~1.5mm，无毛，基部有稀疏软鳞片。

🍃 叶 无柄或具极短柄，无毛；叶片薄革质，斜椭圆形或菱状椭圆形，长1.2~2.4（~4）cm，宽0.8~1.1（~1.4）cm，顶端急尖，稀渐尖，基部狭侧楔形，宽侧耳形，边缘在叶狭侧上部有2~3小齿，在宽侧中部之上有3~4小齿，半离基三出脉，侧脉每侧约2条，钟乳体明显，稍密集，细杆状，长0.3~0.5mm；托叶白色，半透明，三角形或狭卵形，长0.8~1.8mm，宽0.4~1mm，有3~8条黑色纵条纹。

花序 雌雄异株。雄头状花序未见。雌头状花序单生叶腋，直径 3～4mm；花序梗长约1mm，无毛；花序托宽长方形，长2～3mm，无毛；苞片约20。排成2层，外层约6枚，三角形或宽卵形，长约1.1mm，宽0.4～2mm，顶端有时具短突起，内层10余枚稍小、狭三角形或条形，疏被短缘毛或无毛小苞片密集，半透明，条形，长0.9～1.5mm，宽0.1～0.4mm，上部疏被短缘毛或无毛。

花 雄花未见。雌花具梗，花被片不存在；子房椭圆体形，长0.3～0.45mm；柱头小，近球形，长约0.05mm。

果 瘦果淡褐色，狭椭圆体形长约0.8mm，有6～8条纵肋和极小瘤状突起。

引种信息

桂林植物园　自广西凤山引种苗（引种号 XZB20180128-01）。

物候

桂林植物园　花期3～4月；果期4月。

迁地栽培要点

阴湿处林下种植。

主要用途

无。

植株背面

叶　　　　　雌花序（幼）　　　　果序及瘦果

19
浅齿楼梯草

Elatostema crenatum W. T. Wang, Bull. Bot. Lab. N. E. Forest. Inst., Harbin 7: 58. 1980

自然分布
云南。生于海拔约280m的山谷密林下或溪边。

迁地栽培形态特征
亚灌木。

茎 高30~50cm，不分枝，无毛。

叶 有短柄，无毛；叶片纸质，斜长圆形，长10.5~18cm，宽4.2~7.5cm，顶端渐尖，基部在狭侧楔形，在宽侧宽楔形或圆形，边缘下部全缘，其上有浅钝齿，钟乳体明显，稍密，长0.5~1mm，叶脉羽状，侧脉在每侧9~10条；叶柄长4~11mm；托叶宽披针形或狭披针形，长12mm。

花序 雄花序单生叶腋，有短梗，直径15~18mm；花序梗长约1.5mm；花序托不明显；苞片约6，大，卵形，长5~6mm，顶端有长2~3mm的角状突起，外面中央有1条纵肋，无毛；小苞片多数，密集，膜质，半透明，船状条形或匙状条形，长3~4mm，顶端微凹，有1条中脉，无毛，有黑色细条纹。雌花序未见。

花 雄花花梗长约4mm，无毛；花被片5，船状长圆形，长约2mm，下部合生，其中3或4个在外面顶端之下有长0.6~1mm的角状突起，其他的有极短的突起，无毛；雄蕊5；退化雌蕊小，长约0.1mm。雌花未见。

果 未见。

引种信息
桂林植物园 自云南河口引种苗（引种号FLF20130508-01）。

物候
桂林植物园 花期5~6月。

迁地栽培要点
阴湿处林下种植。

主要用途
无。

植株

叶正面

叶背面

雄花序（幼）

20
锐齿楼梯草

Elatostema cyrtandrifolium (Zoll. & Moritzi) Miq., Pl. Jungh. 21. 1851

自然分布

云南、广西、广东、台湾、福建、江西、湖南、贵州、湖北西部、四川、甘肃。生于海拔450~1400m的山谷溪边石上或山洞中或林中。

迁地栽培形态特征

多年生草本。

🌿 高14~40cm，分枝或不分枝，疏被短柔毛或无毛。

🍃 具短柄或无柄；叶片草质或膜质，斜椭圆形或斜狭椭圆形，长5~12cm，宽2.2~4.7cm，顶端长渐尖或渐尖（渐尖头全缘），基部在狭侧楔形，在宽侧宽楔形或圆形，边缘在基部之上有牙齿，上面散生少数短硬毛，下面沿中脉及侧脉有少数短毛或变无毛，钟乳体稍明显，密，长0.2~0.4mm，具半离基三出脉或三出脉，侧脉在每侧3~4条；叶柄长0.5~2mm；托叶狭披针形或钻形，长约4mm。

🌸 雌雄异株。雄花序未见。雌花序近无梗或有短梗；花序梗长达2mm；花序托宽椭圆形或椭圆形，长5~9mm，不分裂或二浅裂；苞片三角状卵形或宽卵形，长约1mm，多有角状突起；小苞片多数，密集，条状披针形或匙形，长约0.8mm，顶部有白色短毛。

🌼 雄花未见。雌花花被片3或不存在；子房宽椭圆体形，长约0.3mm，柱头画笔头形，长约0.3mm。

🍎 瘦果褐色，卵球形，长约0.8mm，有6条或更多的纵肋。

引种信息

桂林植物园　自广西靖西引种苗（引种号XZB171215-05）。
华南植物园　自广西那坡引种苗（登录号20061373）。

物候

桂林植物园　花期4~5月；果期5~6月。
华南植物园　花期5~10月。

迁地栽培要点

阴湿处林下种植。

主要用途

在广西、湖南民间供药用。

植株

植株

叶背

雌花序

果序及瘦果

21
盘托楼梯草

Elatostema dissectum Wedd., Arch. Mus. Hist. Nat. ix. 9: 314. 1856

植株

自然分布

云南、广西、广东。生于海拔500~2100m的山谷林中。

迁地栽培形态特征

多年生草本。

🌿**茎** 高30~40cm，基部粗3~8mm，通常不分枝或下部分枝，无毛。

🍃**叶** 无柄或近无柄，无毛；叶片草质，斜长圆形或长圆状披针形，长8~15cm，宽2.4~5cm，顶端渐尖或骤尖，基部斜楔形，边缘在基部之上有疏牙齿状锯齿，钟乳体明显，密，长0.3~0.7mm，叶脉半离基三出脉，侧脉每侧3~5条；叶柄长达0.5mm；托叶狭条形，长3~5mm。

🌸**花序** 雌雄异株或同株。雄花序未见。雌花序无梗或具短梗，有多数花；花序托长4~8mm；苞片似雄花序的苞片；小苞片近条形，顶部有疏睫毛。

🌼**花** 雄花未见。雌花近无梗或有长梗，花被片不明显；子房狭椭圆形，长约0.6mm。

🟤**果** 瘦果狭卵球形，长约1mm，有8条细纵肋。

引种信息

    桂林植物园   自广西金秀引种苗（引种号XZB20180131–01）。

物候

    桂林植物园   花期5～6月；果期5～6月。

迁地栽培要点

    阴湿处林下种植。

主要用途

    无。

植株

叶背

果序及瘦果

22
凤山楼梯草

Elatostema fengshanense W. T. Wang & Y. G. Wei, Guihaia 29 (6): 714. 2009

植株

自然分布

广西凤山。生于石灰岩山中阴湿处。

迁地栽培形态特征

多年生小草本。

茎 高约16cm，基部粗2mm，暗绿色，无毛，不分枝。

叶 约有6叶。叶具短柄；叶片纸质，斜狭椭圆形或狭卵形，长3~10cm，宽1.3~4cm，顶端渐尖或长渐尖，基部狭倒楔形，宽侧圆形，上面疏被糙伏毛，下面无毛，三出脉，侧脉3~4对，钟乳体稍密，杆状，长0.1~0.2mm；叶柄长0.5~3.5mm，无毛；托叶狭卵形或披针形，长约7mm，宽2~2.6mm，无毛。

花序 雄头状花序未见。雌头状花序成对腋生；花序梗粗壮，长0.5mm，无毛；花序托宽长圈形，长约2.6mm，宽2mm，中部2裂，无毛；苞片约8，排成2层，被短柔毛，外层2枚对生，较大，扁宽卵形，长0.5~0.6mm，宽1~1.2mm，顶端具长0.8mm的角状突起，内层苞片6枚较小，宽卵形，长

0.3～0.4mm，宽0.6mm，顶端具长约0.5mm的角状突起，有片有时较多约20枚这时内层与外层苞片近等大；小苞片极密半透明，宽条形或匙形，长0.3～0.5mm，顶端圆截形，密被缘毛。

花 雄花未见。雌花具短梗，花被片不存在，雌蕊长约0.4mm，子房精圆体形长约0.2mm，柱头画笔头状，长0.2mm。

果 未见。

引种信息

桂林植物园 自广西凤山引种苗（引种号XZB20180128-04）。

物候

桂林植物园 花期4月。

迁地栽培要点

阴湿处林下种植。

主要用途

无。

植株

叶背

果序

23
宜昌楼梯草

Elatostema ichangense H. Schroet., Repert. Spec. Nov. Regni Veg. 47: 220. 1939

植株

自然分布

广西、湖南、贵州、湖北、四川。生于海拔300～900m的山地常绿阔叶林中或石上。

迁地栽培形态特征

多年生草本。

茎 高约25cm，不分枝，无毛。

叶 具短柄或无柄，无毛；叶片草质或薄纸质，斜倒卵状长圆形或斜长圆形，长6～12.4cm，宽2～3cm，顶端尾状渐尖（渐尖部分全缘），基部在狭侧楔形或钝，在宽侧钝或圆形，边缘下部或中部之下全缘，其上有浅牙齿，钟乳体明显或稍明显，密，长0.2～0.4mm，半离基三出脉或近三出脉，侧脉在狭侧1～2条，在宽侧约3条；叶柄长达1.5mm；托叶条形或长圆形，长2～3.5mm。

71

花序 雌雄异株或同株。雄花序无梗或近无梗，直径3~6mm，有10数朵花；花序托小；苞片约6个，卵形或正三角形，长3~4mm，无毛，2个较大，其顶端的角状突起长3.5~7mm，其他的较小，其顶端突起长1~1.5mm；小苞片膜质，匙形或匙状条形或船状条形，长2~2.5mm，顶部有疏睫毛。雌花序有梗；花序梗长达4mm；花序托近方形或长方形，有时二裂呈蝴蝶形，长3~8mm；苞片三角形、或宽或扁三角形，长0.5~1mm，顶端有短角状突起，有时少数苞片具长1.5~2mm的长角状突起；小苞片多数，密集，楔状或匙状条形，长0.6~0.9mm，顶端密被短柔毛。

花 雄花无毛；花梗长达2.5mm；花被片5，狭椭圆形，长约1.6mm，下部合生，外面顶端之下有长0.1~0.3mm的角状突起。雌花无梗，花被片不存在；子房椭圆体形，长0.25mm；柱头画笔头状，与子房近等长。

果 瘦果椭圆球形，长约0.6mm，约有8条纵肋。

引种信息

桂林植物园 自贵州紫江引种苗（引种号XZB20180116-07）。

华南植物园 自湖南桑植引种苗（登录号20070297）、自湖北恩施引种苗（登录号20140342）。

物候

桂林植物园 花期4~6月；果期11~12月。

华南植物园 花期5月至翌年1月。

迁地栽培要点

阴湿处林下种植。

主要用途

在湖北民间用叶治火烫伤。

植株   叶背   雄花序及雄花   果序

24
狭叶楼梯草

Elatostema lineolatum Wight, Icon. Pl. Ind. Orient. [Wight]t 6: 11. 1853

自然分布

西藏、云南、广西、广东、福建、台湾。生于海拔160～1800m的山地沟边、林边或灌丛中。

迁地栽培形态特征

亚灌木。

茎 高50～200cm，多分枝；小枝多少波状弯曲，密被贴伏或开展的短糙毛。

叶 无柄或具极短柄；叶片草质或纸质，斜倒卵状长圆形或斜长圆形，长3～8cm，宽1.2～3cm，顶端骤尖（骤尖头全缘），基部斜楔形，边缘在狭侧上部有2～3小齿，在宽侧有2～5齿，两面沿中脉及侧脉有短伏毛，毛在下面较密，或上面只散生少数短硬毛，钟乳体稍明显或不明显，密，长0.2～0.3mm，叶脉近羽状，侧脉每侧4～8条；叶柄长约1mm；托叶小。

花序 花序雌雄同株，无梗。雄花序直径5～10mm，有多数密集的花；花序托小，直径1.5～3.5mm，周围有长0.8～1.5mm的正三角形、卵形或扁卵形苞片；小苞片狭长圆形或匙状条形，长约1mm，上部有睫毛。雌花序较小，直径2～4mm；花序托小，直径1～2.5mm，周围有长0.5～1mm的正三角形苞片；小苞片多数，密集，狭倒披针形，长约0.8mm，上部边缘有密睫毛。

花 雄花花梗长达2mm；花被片4，狭椭圆形，长约1.2mm，基部合生，在外面顶端之下有短突起，顶部有疏毛；雄蕊4。雌花花被不明显；子房狭椭圆形，长约0.4mm。

果 瘦果椭圆球形，长约0.6mm，约有7条纵肋。

引种信息

桂林植物园 自广西那坡引种苗（引种号HSL20150407-01）。

华南植物园 自海南引种苗（登录号20011107）、自广东英德引种苗（登录号20031429）

物候

桂林植物园 花期1～5月；果期4～5月。

迁地栽培要点

阴湿处林下种植。

主要用途

无。

植株

植株

叶背　　　雄花序及雄花　　　果序及瘦果

25

长苞楼梯草

Elatostema longibracteatum W. T. Wang, Bull. Bot. Res., (Harbin) 2 (1): 6. 1982

植株

自然分布

云南、广西。生于海拔300~1200m山地和峡谷林中。

迁地栽培形态特征

多年生草本。

🌿 高约26cm，不分枝，上部疏被开展的柔毛。

叶 无柄，草质，斜披针形，长约5cm，宽1.5cm，顶端尾状渐尖，基部在狭侧钝，在宽侧耳形，边缘中部之上有浅钝齿，上面无毛，下面沿中脉下部有少数短毛，钟乳体密，稍明显，长0.1～0.5mm，半离基三出脉，侧脉在狭侧2条，在宽侧3条；托叶条形，长约3mm，无毛。

花序 雌雄同株。雄花序单生茎上部叶腋，无梗，约有10花；花序托不明显；苞片2，船形，长9～12mm，顶部角状突起扁，上部边缘有短柔毛或近无毛；小苞片狭三角形至条状三角形，长5～9mm，顶端有角状突起，边缘疏被柔毛。雌花序未见。

花 雄花蕾长约2mm，五基数，上部有长柔毛，顶端有角状突起。雌花未见。

果 未见。

引种信息

桂林植物园　自广西靖西引种苗（引种号XZB170921-12）。

物候

桂林植物园　花期4月。

迁地栽培要点

阴湿处林下种植。

主要用途

无。

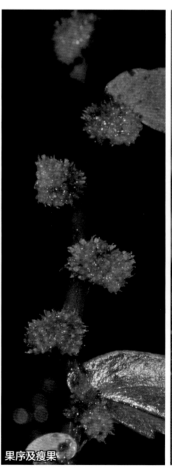

叶背　　　　　　　　　　　　　　　　　　　　　　　　　　　　果序及瘦果　　　雄花序

26

显脉楼梯草

Elatostema longistipulum Hand.-Mazz., Anz. Akad. Wiss. Wien, Math. -Naturwiss. Kl. 57: 242. 1920

自然分布

云南、广西。生于海拔1000～1300m的山谷沟边或林边。

迁地栽培形态特征

多年生草本。

茎 高约50cm，不分枝或有1分枝，被淡褐色糙伏毛，稀近无毛。

叶 无柄或具极短柄；叶片坚纸质，披针形或狭披针形，长7～12cm，宽1.3～2.5cm，顶端长渐尖或尾状渐尖，基部斜楔形，或有时在宽侧近耳形，边缘下部全缘，其上至渐尖头顶端均有密的小牙齿，上面无毛，下面在中脉及侧脉上密被糙伏毛，钟乳体极密，明显，长0.1～0.3mm，三出脉，侧脉每侧约3条，上面稍下陷，下面隆起；叶柄长达2.5mm；托叶条状披针形，长7～11mm，宽1～1.5mm，有密的小钟乳体。

花序 雌雄异株或同株。雄花序单生或成对生于叶腋，具短梗；花序梗长约2.5mm，粗，无毛；花序托长圆形，长约7mm，宽4mm，常2浅裂，无毛；苞片约6，扁宽卵形，宽3～4mm，背面中央有纵肋，边缘有短睫毛；小苞片多数，船状宽条形，长1～1.8mm，边缘有短睫毛。雌头状花序单生或成对生于叶腋，具短梗；花序梗长约2mm，无毛；花序托宽长方形，长约5mm，宽4mm，无毛；苞片约10，膜质，扁宽卵形或近新月形，长0.5～1.2mm，宽1.5～2mm，顶端被短缘毛，有时苞片较多，排成2层，内层苞片约30枚，卵形，密被缘毛；小苞片密集，近花序托边缘的小苞片半透明，白色，狭卵形或近长方形，顶端被缘毛，大部分小苞片淡绿色，条形，长0.5～1mm，顶端被长缘毛。

花 雄花花被片5，长椭圆形，长约1.6mm，下部合生，外面顶端之下有不明显短突起和疏柔毛；雄蕊5。雌花具短梗，花被片不存在；子房狭卵球形，长约0.3mm；柱头画笔头形，长0.5mm。

果 瘦果椭圆球形，长0.7mm，宽0.3mm，具细条纹。

引种信息

桂林植物园　自广西靖西引种苗（引种号XZB20180126-07）。

物候

桂林植物园　花期4～5月；果期5～6月。

迁地栽培要点

阴湿处林下种植。

主要用途

无。

植株

托叶及叶背

植株

雌花序（幼）

27

多序楼梯草

Elatostema macintyrei Dunn, Bull. Misc. Inform. Kew 1920 (6): 210. 1920

植株

自然分布

西藏、云南、四川、贵州、广西、广东。生于海拔170～2000m的山谷林中或沟边阴处。

迁地栽培形态特征

亚灌木。

茎 高30～100cm，常分枝，无毛或上部疏被短柔毛，钟乳体极密。

叶 具短柄；叶片坚纸质，斜椭圆形或斜椭圆状倒卵形，长10～18cm，宽4.5～7.6cm，顶端骤尖或渐尖，基部斜楔形，或在宽侧有时近耳形，边缘在基部之上一直到顶端有浅牙齿，两面无毛，或下面沿中脉及侧脉有伏毛，钟乳体极明显，长0.3～0.7mm，半基上三出脉，侧脉在狭侧3～4条，在宽侧4～5条；叶柄长1～5mm，无毛；托叶披针形，长9～14mm，无毛。

花序 雌雄异株。雄花序未见。雌花序5～9个簇生，有梗；花序梗长2～6mm；花序托近长方形或近圆形，长2～5mm，常二裂；苞片多数，正三角形或卵形，长0.5～0.8mm，外面顶端之下有不明显的小突起，边缘被睫毛；小苞片多数，密集，匙状条形，长0.6～1mm，上部有毛。

花 雄花未见。雌花未发育。

果 瘦果椭圆球形，长约0.6mm，约有10条纵肋。

引种信息

    桂林植物园   自贵州兴义引种苗（引种号XZB20180118-09）。

    华南植物园   自广西郁南引种苗（登录号20051704）。

    昆明植物园   引种信息缺失。

物候

    桂林植物园   花期2~4月；果期5~6月。

    华南植物园   花期2~6月。

    昆明植物园   花期4~5月。

迁地栽培要点

    阴湿处林下种植。

主要用途

    无。

植株

叶

叶背

果序及瘦果

28
软毛楼梯草

Elatostema malacotrichum W. T. Wang & Y. G. Wei, Guihaia 29 (6): 712. 2009

自然分布

广西。生于石灰岩山中阴湿处。

迁地栽培形态特征

多年生草本。

茎 高约40cm，基部粗1mm，肉质，淡绿色，有4条纵棱，近顶端被短柔毛，分枝。

叶 具短柄；叶片纸质，斜狭倒卵形，长11～20mm，宽4～7.5cm，顶端短渐尖，基部斜楔形，边缘具牙齿，上面无毛，下面脉上被短柔毛，羽状脉，侧脉在叶狭侧3条，在宽侧4条钟乳体密集，杆状，长0.2～0.8mm；叶柄长达2mm；托叶披针状条形，长3～4mm，宽0.5～1mm，无毛。雌茎的叶比雄茎的叶稍小，无柄；叶片纸质，斜狭倒卵形，长6.5～12.5cm，宽2.5～4.5cm，顶端急尖或短渐尖，基部斜楔形或宽侧圆钝，边缘狭侧下部三分之一全缘，上部有小牙齿，在宽侧基部之上有小牙齿，两面密被短柔毛，半离基三出脉，侧脉约4对，下面隆起，钟乳体密集，杆状，长0.2～0.4mm；托叶披针形或狭卵形，长6～10mm，宽2～2.2mm，淡绿色，近无毛。

花序 雄头状花序单生叶腋，直径10～12mm；花序梗长约3mm，被短柔毛；花序托长方形，长约10mm，宽8mm，被短柔毛；苞片8，扁圆卵形，长约3mm，宽4～6mm，顶端圆截形，背面被短柔毛；小苞片密集，膜质，半透明，白色，倒披针形，长约3mm，宽0.8～1mm，无毛，有1淡褐色纵脉。雌头状花序单生叶腋；花序梗粗壮，长1.1mm，被短柔毛；花序托近方形，长和宽均为2.5～3mm，被短柔毛；苞片约10，宽卵形或正三角形，长0.5～0.8mm，宽1mm，顶端被缘毛；小苞片多数，半透明，白色，匙状条形，长0.6～1mm，顶端被缘毛。

花 雄花蕾具短梗，扁球形，直径1.5mm，顶端有5短突起，被短柔毛。雌花具短粗梗，花被片不存在；雌蕊长约0.6mm，子房狭卵球形，长0.4mm，柱头画笔头状，长0.2mm。

果 瘦果淡褐色，卵球形，长0.7mm，有8条细纵肋。

引种信息

桂林植物园 自广西龙州引种苗（引种号XZB20180127-01）。

物候

桂林植物园 花期8～11月；果期9～11月。

迁地栽培要点

阴湿处林下种植。

主要用途

无。

植株

植株

叶背

雄花序

鳞片

29
巨序楼梯草

Elatostema megacephalum W. T. Wang, Bull. Bot. Lab. N. E. Forest. Inst., Harbin 7: 73. 1980

植株

自然分布

云南。生于海拔1000~1600m的山谷常绿阔叶林中。

迁地栽培形态特征

多年生草本。

🌿 茎 高50~80cm，无毛，钟乳体密集。

🍃 叶 有柄；叶片近纸质或草质，斜椭圆形，长9~25cm，宽3.5~10cm，顶端渐尖或长渐尖，基部在狭侧钝或楔形，在宽侧宽楔形，边缘自基部之上有密牙齿或小牙齿，上面散生少数硬毛，下面无毛或沿中脉及侧脉有疏短毛，钟乳体明显，密，长0.2~0.3mm，半离基三出脉，侧脉每侧约5条；叶柄长1.5~12mm，无毛；托叶披针形或宽披针形，长10~18mm，无毛。

花序 雌雄异株,单生叶腋。雄花序未见。雌花序有梗;花序梗粗壮,长约5mm,无毛;花序托近长方形,长15~25mm,宽10~20mm,四浅裂,无毛;苞片多数,扁三角形,长约0.5mm,顶端有长0.6~1mm的角状突起,边缘有短睫毛;小苞片多数,密集,匙状条形或狭条形,长1~1.4mm,上部有褐色斑点,边缘被短睫毛。

花 雄花未见。雌花具短梗,花被片2,狭条形,长约0.3mm;柱头画笔头形,长约0.3mm。

果 瘦果椭圆球形,长约0.5mm,约有8条纵肋。

引种信息

桂林植物园 自贵州兴义引种苗(引种号XZB20180118-08)。

物候

桂林植物园 花期4~5月;果期4~6月。

迁地栽培要点

阴湿处林下种植。

主要用途

无。

植株

叶背

雌花序

雌花序及瘦果

30
异叶楼梯草

Elatostema monandrum (Buch.-Han. ex D. Don) H. Hara, Fl. E. Himalaya 3rd. Rep. 21. 1975

植株

自然分布

　　西藏、四川、云南、贵州、陕西。生于海拔1900～2800m的山地林中、沟边、阴湿石上，有时附生乔木树干上。

迁地栽培形态特征

　　小草本。

　　茎 茎高5～20cm，通常不分枝，下部有白色疏柔毛，上部无毛，有极稀疏的小软鳞片。

　　叶 叶多对生，具短柄；叶片草质或膜质，上部叶较大，正常叶斜楔形、斜椭圆形或斜披针形，长0.8～4cm，宽0.4～1.2cm，顶端微尖至渐尖，基部斜楔形，边缘在上部或中部以上有稀疏尖或钝牙齿，无毛或近无毛，钟乳体明显，稀疏，长0.3～0.7mm，脉不明显，三出脉，侧脉每侧1～2条，退化叶小，椭圆形至披针形，长2～6mm，通常全缘，茎下部叶小，正常叶近圆形或宽椭圆形，长3～10mm，全缘，有疏睫毛或近无毛，只在边缘有钟乳体，退化叶更小，长2～4mm。

85

花序 雌雄异株。雄花序近无梗，直径1.5～2mm；花序托不明显；苞片约2，膜质，卵形，长2～2.5mm，上部有疏睫毛；小苞片披针形至条形，长1～2mm。雌花序未见。

花 雄花无毛，花梗长达2mm；花被片4，淡紫色，狭长圆形，长约1.2mm，外面顶端之下有不明显的小突起；雄蕊4。雌花未见。

果 未见。

引种信息

桂林植物园　自云南迪庆引种苗（引种号PFZ20180903-02）。

物候

桂林植物园　花期6～8月。

迁地栽培要点

阴湿处林下种植。

主要用途

无。

植株　　　　　　　　　　　　　　　　　　　　　　　　　　　叶背　　越冬叶　　雌花序

31
瘤茎楼梯草

Elatostema myrtillus Hand.-Mazz., Symb. Sin. Pt. 7: 146. 1929

植株

自然分布

云南、广西、贵州、湖南、湖北和四川。生于300～1000m的石灰岩山谷林中或沟边石上。

迁地栽培形态特征

多年生草本。

茎 高达40cm，通常分枝，稀不分枝，下部有密的锈色小软鳞片，后鳞片呈小瘤状突起状，无毛。

叶 无柄，无毛；叶片草质，斜狭卵形，长1.3～2.8mm，宽6～10mm，顶端渐尖，基部在狭侧楔形，在宽侧耳形，边缘下部全缘，其上有锯齿，钟乳体极明显，密，长0.4～0.7mm，基出脉3条，侧脉不明显；托叶钻形，长1～1.5mm。

花序 雌雄异株或同株，无梗，单生叶腋。雄花序直径2～5mm；花序托不明显；苞片6～8，船状

87

倒卵形或椭圆形，长约2mm，边缘上部有短疏毛。雌花序未见。

🌸 雄花有梗，花被片4～5，倒卵形，长1.2～1.5mm，下部合生；雄蕊4～5；雌花未见。

🍎 未见。

引种信息

　　桂林植物园　　自广西靖西引种苗（引种号XZB20180125-02）。

物候

　　桂林植物园　　花期5～10月。

迁地栽培要点

　　阴湿处林下种植。

主要用途

　　无。

植株

叶背

雄花序及雄花

32

南川楼梯草

Elatostema nanchuanense W. T. Wang, Bull. Bot. Lab. N. E. Forest. Inst., Harbin 7: 84. 1980

植株

自然分布

四川、湖北。生于海拔600~1200m的山谷阴处。

迁地栽培形态特征

多年生草本。

茎 高33~40cm，不分枝，疏被柔毛。叶具短柄或无柄；叶片草质，上部叶斜长圆形或斜狭长圆形，长8~12.2cm，宽1.8~2.8cm，下部叶较小，长1.5~5cm，顶端渐尖至尾状，基部斜楔形，边缘密生牙齿或小牙齿，上面散生少数糙毛，下面沿中脉及侧脉被短伏毛，钟乳体明显，密，长约0.2mm，叶脉羽状，侧脉约10~12对；叶柄长达1.5mm；托叶膜质，披针形，长6~10mm。

花序 雌雄同株或异株，成对腋生。雄花序具极短梗；花序梗长约1.5mm；花序托椭圆形，长7~11mm，中部稍二浅裂，边缘有扁圆卵形苞片，后者顶部有长0.6~1.5mm的突起；小苞片匙状倒梯形或船状长圆形，长2.5~3mm，呈船形时，外面顶端之下有短突起。雌花序未见。

花 雄花具梗：花被片5，狭椭圆形，长约1.5mm，基部合生，有2个在外面顶部之下有角状突起，无毛；雄蕊5。雌花未见。

果 未见。

引种信息

桂林植物园 自贵州紫江引种苗（引种号XZB20180116-04）。

物候

桂林植物园 花期4月。

迁地栽培要点

阴湿处林下种植。

主要用途

无。

植株

叶背

雌花序（幼）

33

托叶楼梯草

Elatostema nasutum Hook. f., Fl. Brit. Ind. [J. D. Hooker] 5: 571. 1888

植株

自然分布

西藏、云南、广西、贵州、湖南、江西、湖北、四川。生于海拔600~2400m山地林下或草坡阴处。

迁地栽培形态特征

多年生草本。

茎 直立或渐升，高16~40cm，不分枝或分枝，无毛。

叶 具短柄；叶片草质，干时常变黑，斜椭圆形或斜椭圆状卵形，长3.5~9cm，宽2~3.5cm，顶端渐尖，基部在狭侧近楔形，在宽侧心形或近耳形，边缘在狭侧中部之上、在宽侧基部之上有牙齿，无毛或上面疏被少数短硬伏毛，钟乳体不太明显，稀疏或稍密，长0.2~0.4mm，叶脉三出脉，稀半离基三出脉，侧脉在狭侧约1条，在宽侧约3条；叶柄长1~4mm，无毛；托叶膜质，狭卵形至条形，长9~18mm，宽1.5~4.5mm，无毛。

（花序）雌雄异株。雄花序有梗，直径4~10mm，有多数密集的花；花序梗长0.3~3.6cm，无毛；花序托小；苞片约6个，船状卵形，长2~5mm，顶端有角状突起，近无毛或有短睫毛；小苞片长1.5~3mm，似苞片或条形，有睫毛，顶端有长或短的角状突起。雌花序未见。

（花）雄花无毛，花梗长达2.5mm；花被片4，船状椭圆形，长约1.2mm，基部合生，外面顶端之下有角状突起；雄蕊4。雌花未见。

（果）未见。

引种信息

　　桂林植物园　自广西武鸣引种苗（引种号LY20150207-01）。

物候

　　桂林植物园　花期5~6月。

迁地栽培要点

　　阴湿处林下种植。

主要用途

　　叶可作猪饲料。

植株　　　　　　　　　　　　　　　　　　　　　　　　雄花序

34
长圆楼梯草

Elatostema oblongifolium Fu, Bull. Bot. Lab. N. E. Forest. Inst., Harbin 7: 26. 1980

植株

自然分布

贵州、四川、湖南、湖北、广西。生于海拔450～900m的低山山谷阴湿处。

迁地栽培形态特征

多年生草本。

茎 高约30cm，有少数分枝或不分枝，无毛。

叶 具短柄或无柄；叶片草质或纸质，斜狭长圆形，长6～14cm，宽1.4～3.5cm，顶端长渐尖或渐尖，基部在狭侧钝或楔形、在宽侧圆形或浅心形，边缘下部全缘，其上至顶端有浅钝齿，无毛，稀在上面有少数散生的糙伏毛，钟乳体稍明显，极密，长0.1～0.2mm，叶脉羽状，侧脉每侧约6条，下部叶较小，斜椭圆形；叶柄长0.5～2mm，无毛；托叶狭三角形至钻形，长2.5～5mm，宽0.2～0.5mm，无毛。

花序 雌雄异株或同株。雄花序具极短梗，聚伞状，直径6～15mm，无毛或近无毛，分枝下部合生；花序梗长0.5～3mm；苞片卵形、披针形或条形，长2～3mm。雌花序具短梗，2个腋生，近长方形，长3～9mm，常3～4深裂，边缘有苞片；花序梗长约1mm；苞片披针形、狭三角形或条形，长约1mm，有疏睫毛；小苞片披针形，长0.5～1mm，有疏睫毛。

花 雄花无毛，花梗长达3mm；花被片5，狭椭圆形，长约2mm，基部合生，无突起；雄蕊5；退化雌蕊不明显。雌花花梗长约0.8mm；花被很小；子房卵形，长约0.4mm。

果 瘦果椭圆球形或卵球形，长0.8～1mm，约有8条纵肋。

引种信息

桂林植物园　自广西凤山引种苗（引种号XZB20180128-06）。

物候

桂林植物园　花期2～3月；果期3～4月。

迁地栽培要点

阴湿处林下种植。

主要用途

无。

植株

叶背

雌花序及雌花

果序及瘦果

35

隐脉楼梯草

Elatostema obscurinerve W. T. Wang, Bull. Bot. Lab. N. E. Forest. Inst., Harbin 7: 63. 1980

自然分布

广西、贵州。生于山地石边阴处。

迁地栽培形态特征

多年生草本。

（茎）高约28cm，基部粗约2mm，有少数分枝，无毛。

（叶）无柄，无毛；叶片膜质或薄草质，斜菱状狭倒卵形或斜菱状长圆形，长2.4～4.8cm，宽1.2～2cm，顶端微钝或钝，基部斜楔形，边缘在下部1/3处或在狭侧中部以下全缘，其上有浅牙齿或圆齿，钟乳体极明显，密，长0.3～0.7mm，脉不明显，羽状，侧脉约4对；托叶卵状条形，长4～5mm，宽2mm，散生钟乳体。

（花序）雌雄异株。雄花序单生茎上部叶腋，无毛，直径约5mm，有多数花；花序梗长4～6.5mm；花序托不明显；苞片约5个，卵形或宽卵形，长3mm，宽2～2.5mm，顶端钝或圆形，有褐色短条纹和稀疏的钟乳体；小苞片狭卵形至条形，密集，长1～2mm。雌头状花序单生叶腋，长约3.5mm，无毛；花序梗长约0.7mm；花序托近方形，长及宽均约1.5mm；苞片约17，膜质，排成2层，外层2枚较大，对生，宽卵形或卵形，长0.8～1.2mm，宽0.8～1mm，内层15枚较小，三角形或狭卵形，长0.6～1mm，宽0.4～0.8mm；小苞片约15，膜质，半透明，条形，长0.6～1mm。

（花）雄花有梗，5基数。雌花无梗，花被片不存在，子房椭圆体形，长约0.4mm，柱头画笔头状，与子房等长。

（果）未见。

引种信息

桂林植物园 自广西凤山扬子洞引种苗（引种号XZB20180128-02）。

物候

桂林植物园 花期4月。

迁地栽培要点

阴湿处林下种植。

主要用途

无。

植株

叶背

雄花序

植株

托叶

雌花序

36

钝叶楼梯草

Elatostema obtusum Wedd., Arch. Mus. Hist. Nat. 4, 1: 190. 1854

植株

自然分布

西藏、云南、四川、湖南、湖北、甘肃、陕西。生于山地林下、沟边或石上，常与苔藓同生。

迁地栽培形态特征

草本。

茎 茎平卧或渐升，长10～40cm，分枝或不分枝，有反曲的短糙毛。

叶 叶无柄或具极短柄；叶片草质，斜倒卵形或斜倒卵状椭圆形，长0.5～1.5（～3）cm，宽0.4～1.2（～1.6）cm，顶端钝，基部在狭侧楔形，在宽侧心形或近耳形，边缘在狭侧上部有1～2钝齿，在宽侧中部以上或上部有2～4钝齿，两面无毛或上面疏被短伏毛，钟乳体明显或不明显，长0.3～0.5mm，基出脉3条，狭侧的1条沿边缘向上超过中部，侧脉约1对，不明显；叶柄长达1.5mm；托叶披针状狭条形，长约2mm。

花序 花序雌雄异株。雄花序未见。雌花序无梗，生茎上部叶腋，有1（～2）花；苞片2，狭长圆形、披针形或狭卵形，长约2mm，外面有疏毛，常骤尖。

花 雄花未见。雌花花被不明显；子房狭长圆形，长约1.6mm；退化雄蕊5，近圆形，长约0.2mm。

果 瘦果狭卵球形，稍扁，长2～2.2mm，光滑。

引种信息

桂林植物园　自广西金秀引种苗（引种号FLF20171126-01）。

物候

桂林植物园　花期10月；果期11～12月。

迁地栽培要点

阴湿处林下种植。

主要用途

无。

植株

叶背

果序

37
小叶楼梯草

Elatostema parvum (Blume) Blume ex Miq., Syst. Verz. (Zollinger) 2: 102 (1854)

植株

自然分布

云南、四川、贵州、广西、广东、台湾。生于海拔1000~2800m的山地林下、石上或沟边。

迁地栽培形态特征

多年生草本。

茎 直立或渐升，高8~30cm，下部常卧地生根，不分枝或分枝，密被反曲的糙毛。

叶 无柄或具极短柄；叶片草质，斜倒卵形、斜倒披针形或斜长圆形，有时稍镰状弯曲，长2.8~8cm，宽1~2.8cm，顶端渐尖或急尖，基部斜楔形或在宽侧圆形或近耳形，边缘在基部之上有锯齿，上面有疏伏毛或近无毛，下面沿中脉及下部侧脉被短糙毛，钟乳体多少明显，密，长0.2~0.6mm，三出脉或半离基三出脉，侧脉在每侧3~5条；退化叶存在，有时不存在，长圆形，长

3~9mm；托叶披针形或条形，长4~7mm，宽1.2mm。

花序 花序雌雄同株或异株。雄花序无梗，近球形，直径3~5mm，有2~15花；花序托不明显；苞片2~4，卵形，长达5mm，边缘膜质，外面有短糙毛；小苞片狭卵形，披针形或条形，长2~4mm。雌花序未见。

花 雄花有细梗，花被片5，椭圆形，长约1.2mm，顶部疏被短毛，角状突起长约0.5mm；雄蕊5；退化雄蕊长约0.2mm。雌花未见。

果 未见。

引种信息

桂林植物园　自贵州荔波引种苗（引种号LY20160316-01）。

华南植物园　自浙江杭州植物园引种苗（登录号20041905）。

物候

桂林植物园　花期7~8月。

华南植物园　花期2~5月。

迁地栽培要点

阴湿处林下种植。

主要用途

无。

叶背

雄花序及雄花

雌花序

植株

38
坚纸楼梯草

Elatostema pergameneum W. T. Wang, Bull. Bot. Lab. N. E. Forest. Inst., Harbin 7: 67. 1980

自然分布

广西。生于山坡林下。

迁地栽培形态特征

小亚灌木。

🌱 茎 高 10~16cm，分枝，枝上部密被贴伏的短糙毛。

🍃 叶 无柄或具极短柄；叶片坚纸质，斜狭卵形或椭圆状狭卵形，长 2~5cm，宽 0.9~1.6cm，顶端渐尖或骤尖（尖头全缘），基部在狭侧楔形，在宽侧宽楔形或圆形，边缘在基部之上有小牙齿，上面无毛，下面沿隆起的中脉及侧脉密被短糙伏毛，钟乳体极明显，密，长 0.2~0.3mm，基出脉 3 条，侧脉在狭侧 3~4 条，在宽侧 4~5 条；叶柄长达 0.5mm；托叶膜质，披针形，长 2.5~4mm。

🌸 花序 雄花序未见。雌花序具短梗；花序梗长 2~2.5mm，无毛；花序托近方形或长方形，长 4~7mm，宽 3.5~5mm，4 裂；苞片宽三角形、宽卵形或卵形，长 0.5~1mm，外面顶端之下有短突起，疏被短睫毛；小苞片多数，密集，匙状狭条形，长约 1mm，顶部稍加厚，被短毛。

🌺 花 雄花未见。雌花具短梗，花被片不存在；子房卵球形，长约 0.25mm；柱头画笔头状，长 0.1mm。

🍂 果 瘦果淡褐色，狭卵球形，长 0.4~0.8mm，宽 0.2~0.4mm，有约 6 条纵肋，在纵肋间有瘤状突起。

引种信息

桂林植物园 自广西龙州板闭引种苗（引种号 FLF20180411-01）。

物候

桂林植物园 花期 5 月；果期 5~6 月。

迁地栽培要点

阴湿处林下种植。

主要用途

无。

植株

叶背

植株

果序及瘦果

39
宽叶楼梯草

Elatostema platyphyllum Wedd., Arch. Mus. Hist. Nat. ix. 9: 301. 1856

植株

自然分布

西藏、云南、四川。生于海拔800~1750m的山谷林中或溪边阴处。

迁地栽培形态特征

小灌木。

🌿 茎高达1.5m，下部粗达1.5cm，分枝，无毛，表皮有极密的小钟乳体。

🍃 叶具短柄，无毛；叶片草质，斜椭圆形或斜狭椭圆形，长14~21cm，宽6~10cm，顶端渐尖或尾状渐尖，基部在狭侧钝或浅心形，在宽侧耳形（耳垂部分稍镰状弯曲，长1~1.4cm），边缘在狭侧自中部或中部以上、在宽侧自下部起至顶端有小牙齿，钟乳体明显或不明显，密，长0.2~0.4mm，三出脉、半离基或离基三出脉，侧脉每侧约3条；叶柄长2~6mm；托叶大，披针形，长2~4cm，顶端锐长渐尖。

花序 花序雌雄异株。雄花序具极短梗，有多数密集的花；花序托2裂，近蝴蝶形，宽约2.5cm，边缘有少数不明显的扁卵形苞片，无毛；小苞片多数，匙状长圆形，长约2mm，有疏睫毛。雌花序未见。

花 雄花有短梗，四基数。雌花未见。

果 未见。

引种信息

桂林植物园　自泰国引种苗（引种号WF180501-09）。

物候

桂林植物园　花期6月。

迁地栽培要点

阴湿处林下种植。

主要用途

无。

叶背

叶基

雄花序及雄花

40
密齿楼梯草

Elatostema pycnodontum W. T. Wang, Bull. Bot. Lab. N. E. Forest. Inst., Harbin 7: 36. 1980

植株

自然分布

云南、贵州、湖南、湖北。生于海拔800~1100m的山谷沟边或岩洞中阴处。

迁地栽培形态特征

多年生草本。

茎 渐升，在下部节处生不定根，长10~30cm，不分枝或分枝，无毛。

叶 具短柄；叶片草质，斜长圆状披针形或斜狭菱形，长2.4~5.8cm，宽1~2cm，顶端长或短渐尖，基部在狭侧楔形或钝，在宽侧宽楔形、圆形或浅心形，边缘自基部之上至顶端有锐锯齿，或在狭侧下部全缘，常有疏睫毛，上面散生少数糙伏毛，下面沿脉疏被短毛，钟乳体明显或稍明显，密，长0.2~0.3mm，基出脉3条，侧脉在狭侧2~3条，在宽侧4~5条；叶：柄长1~1.2mm，无毛；托叶纸质，宿存，干时变褐色，狭卵形或宽披针形，长4~8mm，宽1.8~3.5mm，顶端尖，无毛。

花序 雌雄异株或同株。雄花序单生茎或分枝顶部叶腋，直径1.2~3mm，具极短梗，约有3朵花；花序托不存在；花序梗长约0.5mm；苞片2，狭卵形，长约2.6mm，较大的1个船形，顶端有短突起，被睫毛；小苞片条形，长约2mm，有长睫毛。雌花序未见。

花 雄毛花梗长约1.8mm，无毛；花被片5，长约2mm，下部合生，4个稍小，长圆状披针形，顶端无或有短突起，1个较大，船状长圆形，有长约0.3mm的角状突起，疏被柔毛；雄蕊5。雌花未见。

果 未见。

引种信息

    桂林植物园　自贵州紫江引种苗（引种号XZB20180116-03）。

物候

    桂林植物园　花期5月。

迁地栽培要点

    阴湿处林下种植。

主要用途

    无。

植株

叶背　　　　　　　　　　　　　　　　　　　雄花序及雄花

41

多枝楼梯草

Elatostema ramosum W. T. Wang, Bull. Bot. Lab. N. E. Forest. Inst., Harbin 7: 33. 1980

植株

自然分布

贵州、广西。生于海拔300~1500m的山地林下、峡谷和石灰岩洞穴中。

迁地栽培形态特征

多年生草本。

茎 高约25cm，上部散生少数长柔毛，其他部分无毛，3回分枝。

叶 无柄；叶片草质，斜狭长椭圆形，长2~3.3mm，宽5~9mm，顶端渐尖或骤尖，基部在狭侧楔形，在宽侧耳形，边缘上部在狭侧有1~2锯齿，在宽侧有2~3锯齿，有细睫毛，上面无毛，下面沿中脉及侧脉疏被短柔毛或无毛，钟乳体明显，长0.2~0.5mm，半离基三出脉，侧脉在狭侧1条，在宽侧2条；托叶钻形，长1.2~2mm，无毛。

花序 雄花序未见。雌花序无梗，直径约3mm，有多数花；花序托小；苞片正三角形或三角形，长约1mm，外面有疏柔毛；小苞片多数，密集，狭披针形、条形至宽条形，长0.6~1mm，有褐色短条纹，上部有柔毛。

花 雄花未见。雌花近无梗，花被不明显；子房椭圆形，长约0.3mm，柱头小。

果 瘦果狭卵形，具八条纵肋。

引种信息

桂林植物园　自广西靖西引种苗（引种号 XZB20180126–04）。

物候

桂林植物园　花期2～4月；果期4～5月。

迁地栽培要点

阴湿处林下种植。

主要用途

无。

植株

叶　　　　　　　叶背　　　　　　　软鳞片　　　　　　果序及瘦果

42
曲毛楼梯草

Elatostema retrohirtum Dunn, Bull. Misc. Inform. Kew, Addit. Ser. 10: 249 (1912)

植株

自然分布

广东、广西、四川、云南。生于丘陵或低山谷地林中或林边。

迁地栽培形态特征

多年生草本。

茎 长15~35cm，密被反曲或混生近开展的短糙毛，分枝，下部着地生根。

叶 具极短柄或无柄；叶片纸质或草质，斜椭圆形，长3~7.5cm，宽1.5~3.8cm，顶端短渐尖或急尖，基部在狭侧楔形，在宽侧近耳形，边缘在基部之上有小牙齿，上面散生少数短伏毛，下面沿中脉及侧脉密被短毛，钟乳体明显或稍明显，密，长0.3~0.5mm，基出脉三条，侧脉在狭侧2~3条，在宽侧3~4条；叶柄长达1mm；托叶条状披针形，长4~6mm，边缘白色，膜质，无毛。

花序 雄花序未见。雌花序单生叶腋，有极短梗；花序梗长达1mm；花序托直径3~5.5mm，边缘有多数苞片，疏被短伏毛；苞片狭三角形或三角形，长0.6~1.2mm，密被柔毛；小苞片多数，密集，匙状条形，长0.6~1.2mm，上部有长柔毛。

花 雄花未见。雌花花被不明显；子房椭圆形，长约0.2mm，柱头极小。

果 瘦果椭圆体形或狭卵形，长0.5~0.6mm，具6~8条纵肋。

引种信息

　　桂林植物园　自广西凤山引种苗（引种号XZB20180128-05）。

物候

　　桂林植物园　花期6～8月；果期10～11月。

迁地栽培要点

　　阴湿处林下种植。

主要用途

　　无。

植株

叶背　　　果序　　　果序及瘦果

43

对叶楼梯草

别名： 冷草

Elatostema sinense H. Schroet., Repert. Spec. Nov. Regni Veg. Beih. 83 (2): 152. 1936

自然分布

云南、广西、贵州、四川、湖北、湖南、江西、福建。生于海拔500～2000m山谷沟边阴处或密林中。

迁地栽培形态特征

多年生草本。

🌿 高20～40cm，不分枝，稀分枝，上部稍密被向下反曲的短毛。

🍃 具短柄或近无柄；叶片草质，斜椭圆形至斜长圆形，长3.5～9.5cm，宽1.5～2.8cm，顶端渐尖或尾状渐尖，基部在狭侧楔形，在宽侧宽楔形、圆形或近耳形，边缘在基部之上有牙齿，上面散生少数短硬毛，下面或全部或只在脉上疏被短毛，钟乳体明显，密，线形，长0.3～0.5mm，半离基三出脉，侧脉在狭侧约4条，在宽侧5～7条；叶柄长1～3mm；托叶披针状条形或披针形，长4～6mm。退化叶小，椭圆形，长3～5mm，全缘或有少数齿。

🌸 雌雄异株。雄花序未见。雌花序具极短梗，直径约5mm，有多数花；花序托小，近椭圆形，长约3mm；花序梗长约1mm；外方2苞片正三角形，长约1.2mm，有疏睫毛，其他花序边缘的苞片狭三角形，长约1.2mm，所有苞片的在外面顶端之下均有短突起；小苞片多数，密集，匙状条形，长1.2～1.5mm，上部有长睫毛。

🌺 雄花未见。雌花具短梗，花被片不存在；子房椭圆体形，长约0.3mm；柱头画笔头状，约与子房等长。

🍈 瘦果卵球形，长约0.6mm，约有5条不明显的纵肋。

引种信息

桂林植物园 自广西田林引种苗（引种号CXQ20160421-01）。

物候

桂林植物园 花期5～6月；果期11～12月。

迁地栽培要点

阴湿处林下种植。

主要用途

无。

植株

植株

退化叶

果序

果序及瘦果

44

条叶楼梯草

Elatostema sublineare W. T. Wang, Bull. Bot. Lab. N. E. Forest. Inst., Harbin 7: 61. 1980

植株

自然分布

广西、贵州、湖南、湖北、四川。生于海拔400～850m的山谷沟边阴处石上或林下。

迁地栽培形态特征

多年生草本。

茎 高15～25cm，不分枝，被开展的白色长柔毛和锈色圆形小鳞片，通常毛在茎上部较密，下部有时无毛。

叶 无柄；叶片草质，斜倒披针形或斜条状倒披针形，长6～10.5cm，宽1.2～2.2cm，顶端长渐尖或渐尖，基部在狭侧钝，在宽侧心形，边缘下部全缘或在基部之上有小牙齿，上面有疏柔毛，下面沿脉有开展的白色长柔毛，钟乳体明显，密，长0.3～0.5mm，叶脉羽状，侧脉在每侧5～6条，茎中下部叶较小，斜狭椭圆形或倒披针形，长3～6cm；托叶膜质，披针形或条状披针形，长6～9mm，无毛或有疏柔毛。

花序 雌雄异株或同株，单生叶腋。雄花序未见。雌花序梗长1～3.5mm；花序托近长方形，长5～7mm，不分裂或在中央二裂，边缘有多数苞片；苞片三角形或狭三角形，长0.8～1mm，有睫毛；小苞片密集，条形或匙状条形，长0.4～1mm，有睫毛。

花　雄花未见。雌花序有短梗或近无梗，有多数密集的花；雌花有短梗：花被不明显；子房卵形，长约0.3mm，光滑。

果　瘦果椭圆状卵球形，长约0.6mm，约有8条纵肋。

引种信息

桂林植物园　自广西南丹引种苗（引种号XZB20180129–03）。

物候

桂林植物园　花期2～4月；果期4～5月。

迁地栽培要点

阴湿处林下种植。

主要用途

无。

植株

叶背　　雌花序（幼）　　果序及瘦果

45

歧序楼梯草

Elatostema subtrichotomum W. T. Wang, Bull. Bot. Lab. N. E. Forest. Inst., Harbin 7: 25. 1980

植株

自然分布

广东、湖南、贵州。生于山谷溪边林中或石上。

迁地栽培形态特征

多年生草本。

茎 高约50cm，不分枝，无毛。

叶 具短柄，无毛；叶片草质或近纸质，斜长圆形，长12~17cm，宽3.5~4.7cm，顶端渐尖或长渐尖，基部在狭侧楔形，在宽侧楔形或近圆形，边缘在中部以上有小牙齿，钟乳体极明显，密，长0.1~0.25mm，叶脉近羽状，侧脉在狭侧约5条，在宽侧6~8条；叶柄长2~14mm；托叶条形，长3~4mm。

花序 雌雄同株或异株。雄花序生雌花序之下，成对腋生，具短梗，直径约1cm，约3回分枝，有极短的小毛，在分枝顶端有多数密集的雄花；花序梗长2~3mm；苞片密集，狭卵形至狭三角形，长0.8~1.2mm，无毛。雌花序成对生茎顶叶腋，无梗，直径约2mm；花序托直径约1.2mm；苞片狭三角形，长约0.8mm，无毛；小苞片多数，密集，披针状狭条形，长0.5~0.8mm，无毛。

花 雄花花梗长1.2~1.5mm；花被片5，长圆形，长约1.2mm，基部合生，无毛，外面无角状突起。雌花花被不明显；子房椭圆形，长约0.3mm，柱头极小。

果 瘦果褐色，卵状椭圆体形，长约0.6mm，有4~5条纵肋。果上有两条对生的狭翅。

引种信息

桂林植物园 自贵州紫江引种苗（引种号XZB20180116–05）。

物候

桂林植物园 花期4月；果期4～5月。

迁地栽培要点

阴湿处林下种植。

主要用途

无。

植株

叶背　　　　　雄花序（幼）　　　　　果序及瘦果

46

变黄楼梯草

Elatostema xanthophyllum W. T. Wang, Bull. Bot. Res., Harbin 2 (1): 19. 1982

植株

自然分布

　　特产广西。生于海拔400~450m的山谷林中石上。

迁地栽培形态特征

　　多年生草本。

　　🌱 茎 高约40cm，不分枝，无毛，有密集的钟乳体。

　　🍃 叶 具短柄，无毛；叶片干时变黄色，纸质，斜狭椭圆形，长7~15.5cm，宽3.2~6cm，顶端尾状渐尖，基部在狭侧楔形，在宽侧宽楔形，边缘下部全缘，其上有小钝齿，钟乳体极密，极明显，长0.3~0.7mm，叶脉羽状，侧脉5~6对；叶柄粗壮，长2~4mm；托叶披针状三角形，长8~10mm，有密集的钟乳体。

　　🌸 花序 雄花序未见。雌花序单生或成对腋生，无梗或具极短梗；花序托直径6~8mm；苞片三角形，长1.2~1.5mm，上部有疏柔毛；小苞片密集，条形，长1.2~1.5mm，顶部有时呈兜状，绿色，有疏柔毛。

　　🌼 花 雄花未见。雌花具短梗；花被不明显；子房卵形，长约0.4mm。

（果）瘦果卵球形，长约0.8mm，约有8条纵肋。

引种信息

桂林植物园　自广西龙州引种苗（引种号XZB20180127-02）。

物候

桂林植物园　花期4～5月；果期6～9月。

迁地栽培要点

阴湿处林下种植。

主要用途

无。

植株

叶　　　　　雌花序及雌花　　　　　果序及瘦果

47

西畴楼梯草

Elatostema xichouense W. T. Wang, Bull. Bot. Lab. N. E. Forest. Inst., Harbin 7: 39. 1980

植株

自然分布

云南、广西。生于海拔1340m石灰山常绿林中。

迁地栽培形态特征

多年生草本。

茎 高13~16cm，不分枝，近顶部处被短柔毛。

叶 无柄或近无柄，斜长圆状倒卵形或斜狭椭圆形，长3~7.4cm，宽1.4~2cm，顶端尾状，基部狭侧楔形，宽侧耳形（耳垂部分长达3mm），边缘下部全缘，中部之上有小齿，上面疏被短糙伏毛，下面沿脉被短柔毛，钟乳体密，不太明显，长0.3~0.8mm，半离基三出脉，侧脉约3对，不清晰；托叶膜质，宽披针形，长约3mm，沿中肋有短伏毛。

花序 雄花序未见。雌花序单生叶腋，具短梗或无梗，直径2.5~5mm；花序梗长约1.6mm，粗；花序托直径2~3mm，疏被短柔毛；苞片多数，狭披针形，长1.5~1.8mm，外面密被开展的短柔毛；小苞片匙状条形，或条形，长1~1.2mm，有疏柔毛。

花 雄花未见。雌花具长梗，花被片不存在；子房狭卵球形或椭圆球形，长约0.25mm。

果 瘦果狭卵球形或椭圆球形，长约0.7mm，约有6条纵肋。

引种信息

桂林植物园　自广西靖西引种苗（引种号XZB171215-02）。

物候

桂林植物园　花期3～4月；果期3～5月。

迁地栽培要点

阴湿处林下种植。

主要用途

无。

植株

叶背

雌花序（幼）

果序及瘦果

48
瑶山楼梯草

Elatostema yaoshanense W. T. Wang, Bull. Bot. Lab. N. E. Forest. Inst., Harbin 7: 51. 1980

植株

自然分布

广西。生于山坡林下阴湿处。

迁地栽培形态特征

多年生小草本。

🈷 高10~16cm，不分枝，无毛。

🈷 无柄；叶片薄草质或膜质，斜狭椭圆形或菱状斜椭圆形，长1.4~4.5cm，宽1.1~1.4cm，顶端骤尖，基部斜楔形，边缘在狭侧上部有1~2（~3）、在宽侧中部以上有3~4个牙齿或锯齿状牙齿，有短睫毛，两面无毛，钟乳体明显，稍密，长0.3~0.6mm，三出脉，侧脉在狭侧1条、在宽侧2条，不明显，茎下部叶小，长8~12mm；托叶膜质，披针状条形，长2~4mm，上部有疏睫毛。

花序 雌雄同株。雄花序具梗，无毛；花序梗长0.8~2cm；花序托不存在；苞片2，船形，长约2.5mm，外面顶端之下有长1~2mm的长角状突起；小苞片似苞片，长约1.5mm，角状突起长1~1.5mm。雌花序未见。

花 雄花具梗，无毛；花被片4，椭圆形，长约2mm，基部合生，外面顶端之下有长约0.6mm的角状突起；雄蕊4；退化雌蕊不明显。雌花未见。

果 未见。

引种信息

桂林植物园　自广西金秀引种苗（引种号LS180905-01）。

物候

桂林植物园　花期6~9月。

迁地栽培要点

阴湿处林下种植。

主要用途

无。

植株

雄花序

糯米团属

Gonostegia Turcz., Bull. Soc Imp Naturalistes Moscou 19 (2): 509. 1846

多年生草本或亚灌木。叶对生或在同一植株上部的互生，下部的对生，边缘全缘，基出脉3～5条，钟乳体点状；托叶分生或合生。团伞花序两性或单性，生于叶腋；苞片膜质，小。雄花：花被片（3～）4～5，镊合状排列，通常分生，长圆形，在中部之上成直角向内弯曲，因此花蕾顶部截平，呈陀螺形；雄蕊与花被片同数，并对生；退化雌蕊极小。雌花：花被管状，有2～4小齿，在果期有数条至12条纵肋，有时有纵翅；子房卵形，柱头丝形，有密柔毛，脱落。瘦果卵球形，果皮硬壳质，常有光泽。

约12种，分布于亚洲热带和亚热带地区及澳大利亚。我国有4种，自西南、华南至秦岭广布。

49

糯米团

别名：糯米草、小粘药、红头带、猪粥菜、蚌巢草、大拳头、糯米莲、糯米藤、大红袍、糯米条、糯米菜、糯米芽、饭匐子、蔓苎麻

Gonostegia hirta Miq., Ann. Mus. Bot. Lugduno-Batavi 4: 303. 1868

自然分布

西藏、云南、华南至陕西及河南。生于丘陵或低山林中、灌丛中、沟边草地以及高原上。

迁地栽培形态特征

多年生草本。

茎 蔓生、铺地或渐升，长50~100cm，基部粗1~2.5mm，不分枝或分枝，上部带四棱形，有短柔毛。

叶 对生；叶片草质或纸质，宽披针形至狭披针形、狭卵形、稀卵形或椭圆形，长3~10cm，宽1.2~2.8cm，顶端长渐尖至短渐尖，基部浅心形或圆形，边缘全缘，上面稍粗糙，有稀疏短伏毛或近无毛，下面沿脉有疏毛或近无毛，基出脉3~5条；叶柄长1~4mm；托叶钻形，长约2.5mm。

花序 团伞花序腋生，通常两性，有时单性，雌雄异株，直径2~9mm；苞片三角形，长约2mm。

花 雄花花梗长1~4mm；花蕾直径约2mm，在内折线上有稀疏长柔毛；花被片5，分生，倒披针形，长2~2.5mm，顶端短骤尖；雄蕊5，花丝条形，长2~2.5mm，花药长约1mm；退化雌蕊极小，圆锥状。雌花花被菱状狭卵形，长约1mm，顶端有2小齿，有疏毛，果期呈卵形，长约1.6mm，有10条纵肋；柱头长约3mm，有密毛。

果 瘦果卵球形，长约1.5mm，白色或黑色，有光泽。

引种信息

桂林植物园 自广西灌阳引种苗（引种号XZB20180809-01）。

华南植物园 自广东英德引种苗（登录号20031364）、自湖南绥宁引种苗（登录号20043427）。

物候

桂林植物园 花期5~9月。

华南植物园 花期4~9月；果期6~10月。

迁地栽培要点

阴湿处林下种植。

主要用途

茎皮纤维可制人造棉，供混纺或单纺。全草药用，治消化不良、食积胃痛等症，外用治血管神经性水肿、疔疮疖肿、乳腺炎、外伤出血等症。

植株

叶背

雌花序

雄花序

植株

艾麻属

Laportea Gaudich., Voy. Uranie, Bot. 498. 1830

草本或半灌木，稀灌木，有刺毛。叶互生，具柄，草质或纸质，有时膜质，边缘有齿，基出3脉或具羽状脉，钟乳体点状或短杆状；托叶于叶柄内合生，膜质，顶端2裂，不久脱落。花单性，雌雄同株，稀雌雄异株；花序聚伞圆锥状，稀总状或穗状。雄花：花被片4或5，近镊合状排列；雄蕊4或5；退化雌蕊明显。雌花：花被片4，极不等大，离生，有时下部合生，侧生二枚最大，同形等大，背腹二枚异形，其中腹生的一枚最小；退化雄蕊缺；子房直立，不久偏斜，柱头丝形、舌形，稀分枝，具雌蕊柄。瘦果偏斜，两侧压扁，在基部常紧缩成柄，着生于雌蕊柄上，宿存柱头向下弯折；花柄两侧或背腹侧扩大成翅状。稀无翅。

本属约28种，分布于热带和亚热带地区，少数种分布于温带地区。我国有7种，3亚种，主要分布于长江流域以南省区，2种分布至华北与东北地区。

本属植物的茎皮纤维可制绳索和代麻原料

50
珠芽艾麻

别名: 零余子荨麻、铁秤铊、火麻、珠芽螫麻、顶花螫麻

Laportea bulbifera (Siebold & Zucc.) Wedd., Arch. Mus. Hist. Nat. 139. 1856

植株

自然分布

安徽、福建、甘肃、广东、广西、贵州、河南、黑龙江、湖北、湖南、江西、吉林、辽宁、山西、山东、陕西、四川、西藏、云南、浙江。生于海拔700~3500m的森林边缘、灌丛或路边的潮湿阴暗处。

迁地栽培形态特征

多年生草本。

茎 高50~150cm,不分枝或少分枝,在上部常呈"之"字形弯曲,具5条纵棱,有短柔毛和稀疏的刺毛,以后渐脱落;珠芽1~3个,常生于不生长花序的叶腋,木质化,球形,直径3~6mm,多数植株无珠芽。

叶 卵形至披针形,有时宽卵形,长8~16cm,宽3.5~8cm,顶端渐尖,基部宽楔形或圆形,稀浅心形,边缘自基部以上有牙齿或锯齿,上面生糙伏毛和稀疏的刺毛,下面脉上生短柔毛和稀疏的刺毛,尤其主脉上的刺毛较长,钟乳体细点状,上面明显,基出脉3,其侧出的一对稍弧曲,伸达中部边缘,侧脉4~6对,伸向齿尖;叶柄长1.5~10cm,毛被同茎上部;托叶长圆状披针形,长5~10mm,顶端2浅裂,背面肋上生糙毛。

花序 雌雄同株,稀异株,圆锥状,序轴上生短柔毛和稀疏的刺毛;雄花序生茎顶部以下的叶腋,具短梗,长3~10cm,分枝多,开展;雌花序生茎顶部或近顶部叶腋,长10~25cm,花序梗长5~12cm,分枝较短,常着生于序轴的一侧。

127

花 雄花具短梗或无梗，在芽时扁圆球形，径约1mm；花被片5，长圆状卵形，内凹，外面近顶端无角状突起物，外面有微毛；雄蕊5；退化雌蕊倒梨形，长约0.4mm；小苞片三角状卵形，长约0.7mm。雌花具梗，花被片4，不等大，分生，侧生的二枚较大，紧包被着子房，长圆状卵形或狭倒卵形，长约1mm，以后增大，外面多少被短糙毛，背生的一枚圆卵形，兜状，长约0.5mm，腹生的一枚最短，三角状卵形，长约0.3mm；子房具雌蕊柄，直立，后弯曲；柱头丝形，长2～4mm，周围密生短毛。

果 瘦果圆状倒卵形或近半圆形，偏斜，扁平，长约2～3mm，光滑。

引种信息

桂林植物园 自广西靖西引种苗（引种号FLF20180411-04）。

物候

桂林植物园 花期6～8月；果期8～12月。

迁地栽培要点

阴湿处林下种植。

主要用途

韧皮纤维坚韧可供纺织用，嫩叶可食。

植株

叶背

花序

果序及瘦果

花点草属

Nanocnide Blume, Mus. Bot. 2: 154. 1856

一年生或多年生草本，具刺毛。茎下部常匍匐，丛生状。叶互生，膜质，具柄，边缘具粗齿或近于浅窄裂，基出脉不规则 3~5 出，侧脉二叉状分枝，钟乳体短杆状；托叶侧生，分离。花单性，雌雄同株；雄聚伞花序，疏松，具梗，腋生；雌花序团伞状，无梗或具短梗，腋生。雄花：花被 5 裂，稀 4 裂，稍覆瓦状排列，裂片背面近顶端处常有较明显的角状突起；雄蕊与花被裂片同数；退化雌蕊宽倒卵形，透明。雌花：花被不等 4 深裂，外面一对较大，背面具龙骨状突起，内面一对较窄小而平；子房直立，椭圆形；花柱缺，柱头画笔头状。瘦果宽卵形，两侧压扁，有疣点状突起。

本属有 2 种，分布我国云南、四川以东的长江流域和福建、台湾，越南、朝鲜和日本也有。

51

毛花点草

别名: 灯笼草、蛇药草、小九龙盘、雪药、泡泡草

Nanocnide lobata Wedd., Prodr. [A. P. de Candolle] 16 (1): 69. 1869

自然分布

云南、四川、贵州、湖北、湖南、广西、广东、台湾、福建、江西、浙江、江苏、安徽。生于海拔25～1400m的山谷溪旁和石缝、路旁阴湿地区和草丛中。

迁地栽培形态特征

一年生或多年生草本。

🌱 柔软,铺散丛生,自基部分枝,长17～40cm,常半透明,有时下部带紫色,被向下弯曲的微硬毛。

🍃 膜质,宽卵形至三角状卵形,长1.5～2cm,宽1.3～1.8cm,顶端钝或锐尖,基部近截形至宽楔形,边缘每边具4～5枚不等大的粗圆齿或近裂片状粗齿,齿三角状卵形,顶端锐尖或钝,长2～5mm,顶端的一枚常较大,稀全绿,茎下部的叶较小,扇形,顶端钝或圆形,基部近截形或浅心形,上面深绿色,疏生小刺毛和短柔毛,下面浅绿色,略带光泽,在脉上密生紧贴的短柔毛,基出脉3～5条,两面散生短杆状钟乳体;叶柄在茎下部的长过叶片,茎上部的短于叶片,被向下弯曲的短柔毛;托叶膜质,卵形,长约1mm,具缘毛。

🌸 雄花序常生于枝的上部叶腋,稀数朵雄花散生于雌花序的下部,具短梗,长5～12mm;雌花序由多数花组成团聚伞花序,生于枝的顶部叶腋或茎下部裸茎的叶腋内(有时花枝梢也无叶),直径3～7mm,具短梗或无梗。

🌼 雄花淡绿色,直径2～3mm;花被(4～)5深裂,裂片卵形,长约1.5mm,背面上部有鸡冠突起,其边缘疏生白色小刺毛;雄蕊5,长2～2.5mm;退化雌蕊宽倒卵形,长约0.5mm,透明。雌花长1～1.5mm;花被片绿色,不等4深裂,外面一对较大,近舟形,长过子房,在背部龙骨上和边缘密生小刺毛,内面一对裂片较小,狭卵形,与子房近等长。

🍒 瘦果卵形,压扁,褐色,长约1mm,有疣点状突起,外面围以稍大的宿存花被片。

引种信息

桂林植物园 自广西龙州引种苗(引种号am6795)。

物候

桂林植物园 花期4～5月;果期6～7月,8月倒苗。

迁地栽培要点

阴湿处林下种植。

主要用途

全草入药。有清热解毒之效,可用于治疗烧烫伤、热毒疮、湿疹、肺热咳嗽、痰中带血等症。

植株

叶背

雄花序及雄花

雄花序

果序及瘦果

紫麻属

Oreocnide Miq., Pl. Jungh. [Miquel] 1: 39. 1851

灌木和乔木,无刺毛。叶互生,基出3脉或羽状脉,钟乳体点状;托叶干膜质,离生于柄的两侧,脱落。花单性,雌雄异株;花序2~4回二歧聚伞状分枝、二叉分枝,稀呈簇生状,团伞花序生于分枝的顶端,密集成头状。雄花:花被片3~4,镊合状排列;雄蕊3~4;退化雌蕊多少被绵毛。雌花:花被片合生成管状,稍肉质,贴生于子房,在口部紧缩,有不明显的3~4小齿;柱头盘状或盾状,在边缘有多数长毛,以后渐脱落。瘦果的内果皮多少骨质,外果皮与花被贴生,多少肉质,花托肉质透明,盘状至壳斗状,在果时常增大,位于果的基部或包被着果的大部分。种子具油质胚乳,子叶卵形或宽卵圆形。

约19种,分布在亚洲东部和大洋洲巴布亚新几内亚的热带和亚热带地区。我国有10种,产西南至华东地区。

本属植物的韧皮纤维是良好的代麻原料。

52

紫麻

别名： 山麻、紫苎麻、白水苎麻、野麻、大麻条、大毛叶

Oreocnide frutescens (Thunb.) Miq., Ann. Mus. Bot. Lugduno-Batavi 3: 131. 1867

自然分布

浙江、安徽、江西、福建、广东、广西、湖南、湖北、陕西、甘肃、四川、云南。生于海拔300～1500m的山谷和林缘半阴湿处或石缝。

迁地栽培形态特征

灌木稀小乔木。

茎 高1～3m；小枝褐紫色或淡褐色，上部常有粗毛或近贴生的柔毛，稀被灰白色毡毛，以后渐脱落。

叶 常生于枝的上部，草质，以后有时变纸质，卵形、狭卵形、稀倒卵形，长3～15cm，宽1.5～6cm，顶端渐尖或尾状渐尖，基部圆形，稀宽楔形，边缘自下部以上有锯齿或粗牙齿，上面常疏生糙伏毛，有时近平滑，下面常被灰白色毡毛，以后渐脱落，或只生柔毛或多少短伏毛，基出脉3，其侧出的一对，稍弧曲，与最下一对侧脉环结，侧脉2～3对，在近边缘处彼此环结；叶柄长1～7cm，被粗毛；托叶条状披针形，长约10mm，顶端尾状渐尖，背面中肋疏生粗毛。

花序 生于上年生枝和老枝上，几无梗，呈簇生状，团伞花簇径3～5mm。

花 雄花在芽时径约1.5mm；花被片3，在下部合生，长圆状卵形，内弯，外面上部有毛；雄蕊3；退化雌蕊棒状，长约0.6mm，被白色绵毛。雌花无梗，长1mm。

果 瘦果卵球状，两侧稍压扁，长约1.2mm；宿存花被变深褐色，外面疏生微毛，内果皮稍骨质，表面有多数细注点；肉质花托浅盘状，围以果的基部，熟时则常增大呈壳斗状，包围着果的大部分。

引种信息

桂林植物园 自广西隆林引种苗（引种号CXQ20160326–02）。

华南植物园 自广东博罗引种苗（登录号20031726）、自海南保亭引种苗（登录号20051944）、自湖南桑植引种苗（登录号20070165）、自云南西双版纳引种苗（登录号20111961）。

物候

桂林植物园 花期3～5月；果期6～10月。

华南植物园 花期2～5月；果期3～5月。

迁地栽培要点

阴湿处林下种植。

主要用途

茎皮纤维细长坚韧，可供制绳索、麻袋和人造棉；茎皮经提取纤维后，还可提取单宁；根、茎、叶入药行气活血。

植株

植株

叶背

果序及瘦果

53
广西紫麻

Oreocnide kwangsiensis Hand. -Mazz., Sinensia 2: 2. 1931

植株

自然分布

广西。生于海拔约800m石灰岩疏林中或灌丛中。

迁地栽培形态特征

灌木。

🌱 高1~1.5（~3）m，除叶柄、托叶背面和花序疏被极细的微糙毛外，其余无毛；小枝多曲折，黑色微带光泽，皮孔小，宽椭圆形或近圆形。

135

叶 坚纸质，狭椭圆形至椭圆状披针形，长2~11cm，宽1~4cm，顶端钝渐尖至短尾状渐尖，基部宽楔形或近圆形，边缘全缘或在上部有极不明显的数枚圆齿，上面深绿色或蓝绿色，下面成绿或浅蓝绿色，两面光滑，基出脉3，其侧出的一对，弧曲，伸达近顶端，侧脉不明显，2~3对，从叶的上部伸出，外向二级脉在近边缘处被网结；叶柄长0.5~2cm；托叶披针形，长3~4mm，背面中肋疏生微粗毛。

花序 团伞花簇常由3~5朵花组成，径3~4mm。雌花序生当年生枝、上年生枝和老枝上的叶腋，常3回二歧分枝，长0.5~0.8cm。

花 雄花无梗，径约1mm，花被片3，裂片卵形，外面有微粗毛；雄蕊3；退化雌蕊棒状。雌花圆锥状，长约1.5mm，基部膨大，上部渐狭。

果 核果状，圆锥形，长1.5~2mm，内果皮骨质，两侧有明显的棱，基部截形，从底面观为四瓣梅花形，宿存花被疏被微毛；肉质花托壳斗状，肥厚，围以果的中下部。

引种信息

桂林植物园 引种信息缺失。

华南植物园 自广西桂林植物园引种（登录号20041180）。

物候

桂林植物园 花期3~4月

华南植物园 花期2~4月和11月至翌年2月；果期3月。

迁地栽培要点

阴湿处林下种植。

主要用途

无。

植株

叶背

雌花序及雌花

54

凸尖紫麻

Oreocnide obovata (C. H. Wright) Merr., Sunyatsenia 3: 250 (1937).

植株

自然分布

广西。生于海拔280～790m的山谷溪旁灌丛中。

迁地栽培形态特征

直立灌木或攀缘状灌木。

🌿 **茎** 高1.5～3m；小枝、叶柄与叶下面脉上密生粗毛。

🍃 **叶** 叶宽倒卵形，顶端凸尖，基部微缺，最下一对侧脉自叶中部伸出，侧脉2对；长7～17cm，宽3～9cm，顶端骤凸或短尾状，基部钝圆形、宽楔或微缺，边缘自下部以上有牙齿或钝锯齿，上面粗糙，有时有泡状隆起，下面被一层浅的灰色毡毛，有的以后变无毛，脉上有短粗毛，基出脉3,其侧生一对伸达上部近边缘处与最下一对倒脉环结，侧脉2～3（～4）对，最下一对自叶中下部伸出，其余各对在近边缘处彼此环结；叶柄长1～7cm，被短粗毛和短柔毛；托叶条形，长7～10mm，下面中肋上疏生短粗毛。

🌸 **花序** 生当年生枝和老枝上，花序长5～8mm。2～3回二歧分枝，花序梗上被短粗毛，团伞花簇径3～4mm。

🌼 **花** 雄花在芽时径约1mm；花被片3，稀2，卵形，长约0.7mm，外面生微毛；雄蕊3，稀2；退化雌蕊棒状，长0.4mm，被绵毛；小苞片卵形，长0.5mm、中肋疏生微毛。雌花卵形，长约1mm。

137

🍑 瘦果卵形，稍压扁，长1～1.2mm，外面生微毛，肉质"花托"盘状，生于果的基部。

引种信息

桂林植物园　引种信息缺失。

华南植物园　来源未知（登录号XX271111）。

物候

桂林植物园　花期9～10月。

华南植物园　花期9～11月；果期11月至翌年2月。

迁地栽培要点

阴湿处林下种植。

主要用途

茎皮纤维可制绳索或代麻原料。

植株

叶背　　　雌花序　　　雌花序及雌花

55
细齿紫麻

Oreocnide serrulata C. J. Chen, Acta Phytotax. Sin. 21 (4): 474. 1983

植株

自然分布

广西、云南。生于海拔1000~1600m的石灰岩地区山坡林下或灌丛中。

迁地栽培形态特征

灌木。

🌿 高3~5m，树皮灰褐色，皮孔近圆形；小枝被锈色茸毛。

叶 纸质，披针形、狭卵形或长圆状披针形，长6～23cm，宽2.5～8cm，顶端渐尖或尾状渐尖，基部圆形，边缘有极细的锯齿，上面深绿色，干时变黑色或棕褐色，除在脉上幼时疏生柔毛外，其余几乎无毛，各级脉均明显凹陷使脉网呈泡状，下面淡绿色，脉紫红色，干时变锈色或绿褐色，被锈色茸毛，各级脉隆起，基出脉3，其侧生的一对弧曲，伸达中上部边缘，侧脉5～7对，其最下一对自下部四分之一至三分之一处伸出，各对侧脉在近边缘处不明显网结；叶柄长1～7cm，被锈色茸毛；托叶披针形，长约10mm，背面中央有一条宽的茸毛带，在中肋上疏生短粗毛，边缘光滑无毛。

花序 成对生于当年生枝、上年生枝，稀老枝上的叶腋，3～5回二歧分枝，长1～2cm，花序梗上生短的茸毛，团伞花簇径3～4mm；花序梗上苞片卵形，长约1mm，背面中肋上疏生短毛，小苞片狭卵形。

花 雄花具短梗，紫红色，在芽时近球形或倒卵形，径1.2mm；花被片3，合生至上部，裂片宽卵形，顶端凸尖，背面（尤在顶端）生短毛；雄蕊3；退化雌蕊细圆柱状，被绵毛。雌花无梗，长约1mm。

果 瘦果卵球形，几不压扁或微压扁，长约1.5mm，外面疏生微毛，肉质花托白色透明，大而厚，壳斗状，熟时，几乎全部或大部分包围着果，内果皮骨质，两侧有棱。

引种信息

桂林植物园 自广西那坡引种苗（引种号am6754）。

物候

桂林植物园 花期2～4月；果期7～10月。

迁地栽培要点

阴湿处林下种植。

主要用途

无。

植株

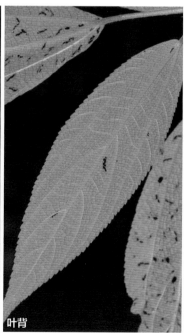

叶背

果序及瘦果

赤车属

Pellionia Gaudich., Voy. Uranie, Bot. 494. 1830

草本或亚灌木。叶互生，二列，两侧不相等，狭侧向上，宽侧向下，边缘全缘或有齿，具三出脉、半离基三出脉或羽状脉；钟乳体纺锤形，有时不存在；托叶2；退化叶小，存在或不存在。花序雌雄同株或异株；雄花序聚伞状，多少稀疏分枝，常具梗；雌花序无梗或具梗，由于分枝密集而呈球状，并具密集的苞片，偶尔具花序托，同时多数苞片在花序托边缘形成总苞。雄花：花被片4～5，在花蕾中呈覆瓦状排列，椭圆形，基部合生，在外面顶部之下有角状突起；雄蕊与花被片同数并与之对生；退化雌蕊小，圆锥形。雌花：花被片4～5，分生，长于子房或与子房等长，狭长圆形，常不等大，通常2～3个较大，外面顶端之下有角状突起，其他的较小，无突起，偶尔所有花被片均无突起；退化雄蕊与花被片同数，并与之对生，鳞片状；子房椭圆形，柱头画笔头状，花柱不存在。瘦果小，卵形或椭圆形，稍扁，常有小瘤状突起。

约70种，主要分布于亚洲热带地区，少数种类分布到亚洲亚热带地区以及大洋洲一些岛屿。我国约有24种，分布于长江流域及以南各省区。

56

短角赤车

Pellionia brachyceras W. T. Wang, Bull. Bot. Res., Harbin 3 (3): 60. 1983

自然分布

广西。生于海拔约1400m的石灰山山谷林中石上。

迁地栽培形态特征

多年生草本。

茎 高约1m，肉质，分枝，枝顶端与雄花序梗均被极短柔毛。

叶 具极短柄；叶片纸质，斜长圆形或斜狭椭圆形，长2~5cm，宽0.8~1.8cm，顶端渐尖或短尾状，基部斜，钝或宽侧楔形，边缘在基部之上至渐尖头有小牙齿，上面无毛，下面在中脉上密被、其他部分疏被短柔毛，钟乳体密，稍明显，纺锤形，稀点状，长0.05~0.15mm，羽状脉，侧脉每侧5~6条，上面平，下面稍隆起；叶柄长0.5~1mm；托叶钻形，长2.5~3.5mm，宽0.3~0.6mm，无毛。

花序 雌雄同株。雄花序腋生，直径3~8mm，3回分枝，具细梗；花序梗长7~12mm；苞片披针状条形，长1~1.2mm，疏被短柔毛。雌花序腋生，无梗，直径约2.5mm，具密集的花；苞片约4，三角形，长0.8~1mm，无毛；小苞片狭披针形，长约1mm，疏被短柔毛。

花 雄花花梗长达1mm或不存在；花被片5，不等大，椭圆状船形，长0.7~1mm，外面疏被短柔毛，顶端之下有短角状突起；雄蕊5，无毛。雌花花被片5，不等大，条状船形，长0.3~1mm，外面疏被短柔毛，顶端之下具短角状突起；子房椭圆形，长约0.3mm，柱头小。

果 未见。

引种信息

桂林植物园 自广西隆林引种苗（引种号CXQ20160327-03）。

物候

桂林植物园 花期5~6月。

迁地栽培要点

阴湿处林下种植。

主要用途

无。

植株

植株

叶背　　　　　　　　雄花序（幼）　　　　　　雌花序

143

57

短叶赤车

别名： 小叶赤车

Pellionia brevifolia Benth., Fl. Hongk. 330. 1861

植株

自然分布

广西、广东、福建、江西、湖南、湖北。生于海拔350–1500m的山地林中、山谷溪边或石边。

迁地栽培形态特征

多年生小草本。

茎 平卧，长12～30cm，下部节上生根，分枝，有反曲或近开展的短糙毛，毛长0.3～1mm。

叶 具短柄；叶片草质，斜椭圆形或斜倒卵形，长5～32mm，宽4～20mm，顶端钝或圆形，基部在狭侧钝或楔形，在宽侧耳形，边缘在狭侧中部之上、在宽侧基部之上有稀疏浅钝齿，上面无毛或疏被短伏毛，下面沿脉有短毛，钟乳体不明显，稀疏，长约0.2mm，半离基三出脉，侧脉在狭侧1～2条，在宽侧2～3条；叶柄长1.5mm；托叶钻形，长1.12～2mm。

花序 雌雄异株或同株。雄花序有长梗，直径8～15mm；花序梗长2.8～4cm，与花序分枝均有开展的短毛；苞片披针状条形，长约3mm，有疏睫毛。雌花序具短梗或无梗，直径2.5～4mm，有多数密集的花；花序梗长1～3mm；苞片狭条形，长2.5～2.8mm，上部有疏睫毛。

花 雄花花被片5，椭圆形，长约2mm，稍不等大，在外面顶端之下有短角状突起，无毛；雄蕊5。雌花花被片5，不等大，2个船状狭长圆形，长约1mm，顶部有长约2mm的长角状突起，3个狭披针形，长1.2～1.8mm，无突起，边缘有稀疏短毛。

果 瘦果狭卵球形，长约1.2mm，有小瘤状突起。

引种信息

桂林植物园　自广西兴安引种苗（引种号CXQ20160517–03）。

华南植物园　自福建大田引种苗（登录号20113816）、自湖北恩施引种苗（登录号20140228、20140275）。

物候

桂林植物园　花期5～7月。

华南植物园　花期2～5月；果期3月。

迁地栽培要点

阴湿处林下种植。

主要用途

无。

叶

叶背

植株

雌花序及雌花

58

翅茎赤车

Pellionia caulialata S. Y. Liu, Guihaia 3: (4): 317. 1983

自然分布

广西。生于海拔约400m山谷密林下水旁。

迁地栽培形态特征

多年生草本，

叶 高约70cm，不分枝，无毛，有6列纵翅，翅宽3～5mm。

叶 具短柄；叶片草质，斜倒卵形，或椭圆形，长8～18cm，宽4.4～8.3cm，顶端渐尖或尾状渐尖，基部斜楔形，或狭侧楔形，宽侧圆形或耳形，边缘有波状浅钝齿，上面无毛，下面沿中脉及侧脉有短柔毛，钟乳体稀疏，不明显，条形，长0.1～0.3mm，叶脉羽状，侧脉每侧5～8条；叶柄长3～9mm，无毛；托叶狭三角形或狭披针形，长6～9mm，宽1.5～2mm，顶端锐尖，无毛。退化叶长2～15mm。

花序 雄花序未见。雌花序腋生，具梗，直径1.1cm，有多数花，3回分枝，枝扁平，短，疏被短柔毛；花序梗长0.6～1.2cm，疏被短柔毛。

花 雄花未见。雌花密集；花被片5，2枚较大，长圆状船形，长约0.8mm，背面顶端之下有长1.2～1.6mm的丝状突起，其他3枚平，狭长圆形或狭披针形，长0.8～1mm，无突起，或在外面顶端之下有短角状突起；子房椭圆形，长约0.4mm。

果 瘦果卵状椭圆球形，长约0.8mm，有瘤状小突起。

引种信息

桂林植物园 自广西东兰引种苗（引种号XZB20180129-01）

物候

桂林植物园 花期5～10月；果期11～12月。

迁地栽培要点

阴湿处林下种植。

主要用途

无。

植株

茎翅

叶背

果序及瘦果

雄花序及雄花

147

59
华南赤车

别名: 荷菜

Pellionia grijsii Hance, Journ. Bot. 6: 49. 1868

植株

自然分布

云南、广西、广东、福建、江西。生于海拔250～1400m的山谷林下、石上或沟边。

迁地栽培形态特征

多年生草本。

🌿**茎** 茎高40～70cm，不分枝，偶而有少数分枝，下部以上被反曲或近开展的糙毛，毛在茎中部稀疏，在顶部密集，长0.5～2mm。

🍃**叶** 叶具短柄或无柄；叶片草质，斜长椭圆形、斜长圆状倒披针形或斜椭圆形，长6～14cm，宽2.4～5cm，顶端长渐尖或渐尖，有时尾状，基部在狭侧楔形或钝，在宽侧耳形，边缘自基部之上至顶端有多数浅钝齿，上面无毛或散生少数短伏毛，稀密被短糙毛，下面沿脉网有短糙毛，钟乳体不存在，或存在，不明显，点状，长不到0.1mm，叶脉近羽状，侧脉约5对；叶柄长1～4mm，有糙毛；托叶钻形，长约4mm，无毛。

🌸**花序** 花序雌雄同株或异株。雄花序有长梗，直径0.5～5.5cm，3～4回分枝，被糙毛；花序梗长0.9～8cm，有糙毛；苞片钻形或狭条形，长2～4mm，背面疏被短毛。雌花序有梗或无梗，直径3～10mm，有密集的花；花序梗长1.5～7mm，偶尔长达22mm，有糙毛；苞片狭条形，长3～4mm，有疏睫毛；小苞片似苞片，长1.2～2mm。

花 雄花有梗，花被片5，椭圆形，长约2mm，外面顶端之下有角状突起，疏被短毛；雄蕊5；退化雌蕊长约0.2mm。雌花花被片5，长约0.6mm，在果期稍增大，不等大，3个船状狭长圆形，顶端有长0.2～1mm的角状突起，有疏毛，2个较小，狭披针形，无突起；子房比花被片稍短。

果 未见。

引种信息

桂林植物园 自广西金秀引种苗（引种号DJ20170618-02）。

华南植物园 自广东韶关引种苗（登录号20101248）。

物候

桂林植物园 花期10～12月。

华南植物园 花期11月至翌年5月。

迁地栽培要点

阴湿处林下种植。

主要用途

无。

植株

叶背　　　　雄花序及雄花　　　　雌花序及雌花

60
异被赤车

Pellionia heteroloba Wedd., Arch. Mus. Hist. Nat. viii. 9: 283. 1856

植株

自然分布

云南、广西、广东、台湾。生于海拔1000~2700m的山地林下、石上或溪边阴湿处。

迁地栽培形态特征

多年生草本。

茎 直立或近基部处卧地，高30~60cm，通常不分枝，无毛或被长0.1mm的小毛。

叶 互生；叶片草质，斜长圆形、斜披针形或倒披针形，长8~15cm，宽2.5~5.7cm，顶端骤尖或渐尖，基部在狭侧钝或浅心形，在宽侧耳形，边缘下部全缘，其上有浅而钝的牙齿，两面无毛或上面散生少数短硬毛，钟乳体不明显，长0.2~0.3mm，有时不存在，叶脉近羽状，侧脉在狭侧约5条，在宽侧6~7条，或为半离基三出脉；叶柄长4~8mm，无毛；托叶钻形，长约3mm，无毛。

花序 雌雄异株。雄花序有长梗，宽 1～4.5cm；花序梗长 1～9cm，与花序分枝均被极短的小毛；苞片狭披针形至条形，长约 2mm。雌花序未见。

花 雄花花被片 5，椭圆形，长约 2mm，下部合生，无毛，外面顶端之下有长约 0.6mm 的角状突起；雄蕊 5；退化雄蕊不明显。雌花未见。

果 未见。

引种信息

桂林植物园 自广西田林引种苗（引种号 XZB20180124–06）。

华南植物园 自广东博罗引种生根枝条（登录号 20060123）。

物候

桂林植物园 花期 11～12 月。

华南植物园 花期 11 月至翌年 3 月。

迁地栽培要点

阴湿处林下种植。

主要用途

无。

叶背

雄花序（幼）

雄花序及雄花

托叶

61

羽脉赤车

Pellionia incisoserrata (H. Schroet.) W. T. Wang, Bull. Bot. Lab. N. E. Forest. Inst., Harbin 6: 63. 1980

植株

自然分布

广西、广东。生于石灰山阴湿处。

迁地栽培形态特征

多年生草本。

🌿 **茎** 高15~30cm，不分枝，无毛。

🍃 **叶** 具短柄或无柄，无毛；叶片草质，斜椭圆形或斜狭椭圆形，长4~10cm，宽1.6~3.2cm，顶端渐尖或长渐尖，基部在狭侧楔形、在宽侧宽楔形或圆形，边缘自基部之上有小牙齿或牙齿，钟乳体明显，密，长0.1~0.2mm，叶脉羽状，侧脉每侧6~10条；叶柄长2~4mm；托叶钻形，长约2mm。

🌸 **花序** 雌雄异株。雄花序有长梗，直径1.6~2.8cm，3~4回分枝，与花被片均密被极短的小毛；花序梗长1.5~2.5cm；苞片三角形，长约0.6mm。雌花序未见。

🌼 **花** 雄花花梗长约1mm；花被片5，椭圆形，长约2mm，外面顶端之下有长约0.2mm的短突起；雄蕊5；退化雌蕊长约0.2mm。雌花未见。

🍎 **果** 未见。

引种信息

桂林植物园　自广西灌阳引种苗（引种号XZB180808-23）。

物候

桂林植物园　花期2～4月或10月。

迁地栽培要点

阴湿处林下种植。

主要用途

无。

植株

叶背

雄花序及雄花

62

光果赤车

Pellionia leiocarpa W. T. Wang, Guihaia 2 (3): 115. 1982

自然分布

广西。生于海拔1100m的石灰岩山山坡林中石上。

迁地栽培形态特征

多年生草本。

茎 茎高约1.5m，粗约1.5cm，肉质，分枝，无毛。

叶 交互对生，无柄或具极短柄，纸质，同一对叶不等大，较大叶斜狭长圆形，稀斜椭圆形，长2.4~8cm，宽1~2cm，顶端尾状渐尖（尖头有齿），基部斜楔形，边缘下部全缘，其他部分有小牙齿，无毛，钟乳体密，明显，长0.05~0.25mm，羽状脉，侧脉在狭侧4~7条，在宽侧6~8条，较小叶菱形或菱状倒卵形，长0.6~1.5mm，宽3~7mm，顶端微尖或钝，上部边缘有2~4小钝齿；托叶披针状狭条形或钻形，长1.8~2.8mm，宽0.2~0.3mm，无毛。

花序 花序雌雄同株。雄花序生枝顶部叶腋，具长梗，直径2~5mm，有密集的花，无毛；花序梗长约10mm；苞片船状狭卵形，长0.5~0.8mm。雌花序腋生，具短梗，直径3~5mm，3回分枝，无毛，具密集的花；花序梗长1~4mm；苞片狭披针形或近钻形，长6~8mm；花梗粗，长0.3~1mm。

花 雄花蕾直径0.2mm。雌花花被片5，不等大，条状披针形或长圆形，2枚较大的呈船形，长0.4~0.6mm，宽0.1~0.5mm，果期长0.8~1.2mm，宽0.3~0.6mm，顶端尖锐或有一不明显的短角状突起；退化雄蕊狭披针形，长约0.8mm；子房长圆形，长约3.5mm，柱头小。

果 瘦果扁，宽卵球形，约长0.8mm，宽0.7mm，基部突缩成极短柄，近光滑，无瘤状突起。

引种信息

桂林植物园 自广西乐业引种苗（引种号CXQ20160401-02）。

物候

桂林植物园 花期4~5月和10~12月；果期5~6月和11~12月。

迁地栽培要点

阴湿处林下种植。

主要用途

无。

植株

叶背

雄花序及雄花

雌花序及雌花

63

滇南赤车

Pellionia paucidentata (H. Schreter) S. S. Chien, Act. Phytotax. Sin. 8: 354. 1963

自然分布

云南、广西。生于海拔200~1000m的山谷溪边阴湿处或林中。

迁地栽培形态特征

多年生草本。

茎 直立，高20~50cm，不分枝或有1条分枝，顶部有短毛或无毛。

叶 叶互生；叶片纸质，斜长椭圆形或斜倒披针形，长5~15.5cm，宽2~6.5cm，顶端骤尖或渐尖，基部斜楔形，边缘在狭侧自中部或中部之上，在宽侧自中部之下向上有波状浅钝齿，骤尖头全缘，上面无毛，下面疏被短毛，稀无毛，钟乳体明显，密，0.2~0.6mm，有半离基三出脉，侧脉在狭侧2~3条，在宽侧4~6条；叶柄长1~6mm；托叶钻形，长3.5~7mm，无毛或疏被短伏毛。

花序 花序雌雄同株或异株。雄花序有长梗，直径0.9~4.5cm；花序梗长1.9~7cm，与花序分枝无毛或被短柔毛；苞片条形或狭三角形，长0.5~1mm；花梗长0.5~2.5mm。雌花序无梗或有梗，直径0.4~2cm，有多数密集的花；花序梗长0.2~5.5cm，无毛或被短柔毛；苞片三角形，长0.6~0.8mm。

花 雄花花被片4或5，椭圆形，长约2mm，基部合生，在外面顶端之下有长约0.5mm的角状突起，无毛；雄蕊4或5。雌花花被片5，不等大，2~3枚较大，船状长圆形，长0.2~0.5mm，外面顶端之下有长0.5~1.2mm的角状突起，其他花被片较小，条状披针形，平，长0.3~1mm，无突起，有少数毛；子房椭圆形，长0.2~0.4mm，柱头比子房短或与子房等长。

果 瘦果椭圆球形，长约1mm，有小瘤状突起。

引种信息

桂林植物园 自广西靖西引种苗（引种号XZB20180126-08）。

华南植物园 自广东肇庆引种苗（无登录号）、自广西那坡引种苗（登录号20060583）。

物候

桂林植物园 花期2~3月和9~10月；果期11~12月。

华南植物园，花期2~3月和9~12月；果期11月至翌年1月。

迁地栽培要点

阴湿处林下种植。

主要用途

无。

植株

植株

雄花序及雄花

雌花序及雌花

果序及瘦果

64

赤车

别名： 赤车使者（唐本草）、岩下青、坑兰、拔血红、乌梗子

Pellionia radicans Wedd., Prodr. [A. P. de Candolle] 16 (1): 167 (1869).

植株

自然分布

云南、广西、广东、福建、台湾、江西、湖南、贵州、四川、湖北、安徽。生于海拔200～1500m
山地山谷林下、灌丛中阴湿处或溪边。

迁地栽培形态特征

多年生草本。

茎 下部卧地，偶尔木质，在节处生根，上部渐升，长20～60cm，通常分枝，无毛或疏被柔毛。

叶 具极短柄或无柄；叶片草质，斜狭菱状卵形或披针形，长2.4～5cm，宽0.9～2cm，顶端短渐
尖至长渐尖，基部在狭侧钝，在宽侧耳形，边缘自基部之上有小牙齿，两面无毛或近无毛，钟乳体稍
明显或不明显，密或稀疏，长约0.3mm，半离基三出脉，侧脉在狭侧2～3条，在宽侧3～4条；叶柄长
1～4mm；托叶钻形，长1～4.2mm，宽0.2mm。

花序 通常雌雄异株。雄花序为稀疏的聚伞花序，长1～5cm；花序梗长4～35mm，与分枝无毛或
有乳头状小毛；苞片狭条形或钻形，长1.5～2mm。雌花序通常有短梗，直径3～5mm，有多数密集的
花；花序梗长0.5～3（～25）mm，有少数极短的毛；苞片条状披针形，长约1.6mm。

花 雄花花被片5，椭圆形，长约1.5mm，外面无毛或有短毛，顶部的角状突起长0.4~0.8mm；雄蕊5；退化雌蕊狭圆锥形，长约0.6mm。雌花花被片5，长约0.4mm，果期长约0.8mm，3个较大，船状长圆形，外面顶部有长约0.6mm的角状突起，2个较小，狭长圆形，平，无突起；子房与花被片近等长。

果 瘦果近椭圆球形，长约0.9mm，有小瘤状突起。

引种信息

桂林植物园 自广西金秀引种苗（引种号XZB20180131–03）。

华南植物园 自广东肇庆引种苗（登录号20010472）、自广东英德引种苗（登录号20031420）、自广东潮安引种苗（登录号20060167）、自广东韶关引种苗（登录号20101247）、自广西上思引种苗（登录号20011560）、自贵州梵净山引种苗（登录号20113953）、自湖南桂东引种苗（登录号20121489）、自江西龙南引种苗（登录号20130573）。

物候

桂林植物园 花期5~8月；果期8~9月。

华南植物园 花期1~5月；果期2~5月。

迁地栽培要点

阴湿处林下种植。

主要用途

全草药用，有消肿、祛瘀、止血之效。

叶背

雌花序

植株

雄花序及雄花

65

吐烟花

Pellionia repens (Lour.) Merr., Lingnan Sci. J. 6 (4): 326. 1928

自然分布

云南、海南。生于海拔800~1100m山谷林中或石上阴湿处。

迁地栽培形态特征

多年生草本。

茎 肉质，平卧，长20~60cm，在节处生根，常分枝，有稀疏短柔毛。

叶 具短柄；叶片斜长椭圆形或斜倒卵形，长1.8~7cm，宽1.2~3.7cm，顶端钝、微尖或圆形，基部在狭侧钝，在宽侧耳形，边缘有波状浅钝齿或近全缘，上面无毛，下面沿脉有短毛，钟乳体明显，密，长0.3~0.8mm，半离基三出脉，侧脉在狭侧1~2条，在宽侧2~3条；叶柄长1.5~5mm；托叶膜质，三角形，长4~8mm，宽2~5mm；退化叶小，卵形或近条形，长约1mm。

花序 雌雄同株或异株。雄花序有长梗，宽0~6×3cm；花序梗长2~11cm，与花序分枝均有短伏毛；苞片三角形，长约1mm。雌花序无梗，直径约3mm，有多数密集的花；苞片条状披针形，长约1mm。

花 雄花花被片5，宽椭圆形或椭圆形，长2~3mm，下部合生，无毛；雄蕊5；退化雌蕊棒状，长约1mm。雌花花被片5，稍不等大，船状狭长圆形，长0.8~1mm，下面顶端之下有短突起，无毛；子房狭椭圆形，长约0.7mm。

果 瘦果有小瘤状突起。

引种信息

桂林植物园 自云南河口引种苗（引种号FLF20130508-02）。

华南植物园 自云南勐腊引种苗（登录号20042648）。

物候

桂林植物园 花期4~6月。

华南植物园 花期6~11月；果期11~12月。

迁地栽培要点

阴湿处林下种植。

主要用途

无。

植株

叶

雄花序及雄花

叶背

果序及瘦果

66

曲毛赤车

Pellionia retrohispida W. T. Wang, Bull. Bot. Lab. N. E. Forest. Inst., Harbin 6: 54. Pl. 1, fig. 4-5. 1980

植株

自然分布

四川、湖北西南部、湖南、江西、福建、浙江。生于海拔350~1550m的山谷林中。

迁地栽培形态特征

多年生草本。

茎 茎渐升，长约70cm，下部在节上生根，有1条分枝，被反曲并贴伏的糙毛（长0.6~1mm）。

叶 叶具短柄；叶片草质，斜椭圆形，长3.5~7.5cm，宽1.1~3.3cm，顶端微尖或短渐尖，基部狭侧圆形，宽侧耳形，边缘下部全缘，其上有小牙齿，上面散生短糙伏毛，下面脉上被短糙毛，钟乳体不明显，密，长0.1~0.4mm，半离基三出脉，侧脉在狭侧2~3条，在宽侧3~4条；叶柄长1~3mm，被糙伏毛；托叶绿色，三角形或狭三角形，长3.2~6.5mm，宽1~1.8mm，有睫毛或无毛。

花序 花序雌雄异株。雄花序未见。雌花序具梗，直径3~14mm，1~2回分枝，有多数花；花序梗长0.5~2.2cm，密被反曲糙毛。

🌼 雄花未见。雌花花被片4~5，长0.7~1mm，外面有疏毛，2枚较大，船状长圆形，外面顶端之下有角状突起（长0.2~1 mm），其他3枚较小，狭披针形；退化雄蕊披针形，与花被片等长；子房椭圆形，长约0.7mm，柱头小。

🔴 瘦果狭卵球形，长约0.9mm，有小瘤状突起。

引种信息

桂林植物园　引种信息缺失。

华南植物园　自湖北恩施引种苗（登录号20140462）。

物候

桂林植物园　花期10月；果期11~12月。

华南植物园　花期9至翌年5月。

迁地栽培要点

阴湿处林下种植。

主要用途

无。

叶

雄花序

叶背

果序及瘦果

67
蔓赤车

Pellionia scabra Benth., Fl. Hongk. 330. 1861

植株

自然分布

云南、广西、广东、贵州、四川、湖南、江西、安徽、浙江、福建、台湾。生于海拔700~1200m的山谷溪边或林中。

迁地栽培形态特征

亚灌木。

茎 直立或渐升,高(30~)50~100cm,基部木质,通常分枝,上部有开展的糙毛,毛长0.3~1mm。

叶 具短柄或近无柄;叶片草质,斜狭菱状倒披针形或斜狭长圆形,长3.2~8.5cm,宽1.3~3.2cm,顶端渐尖、长渐尖或尾状,基部在狭侧微钝、在宽侧宽楔形、圆形或耳形,边缘下部全缘,其上有少数小牙齿,上面有少数贴伏的短硬毛,沿中脉有短糙毛,下面有密或疏的短糙毛,钟乳体不明显或稍明显,密,长0.2~0.4mm,半离基三出脉,侧脉在狭侧2~3条,在宽侧3~5条,或叶脉近羽状;叶柄长0.5~2mm;托叶钻形,长1.5~3mm。

花序 通常雌雄异株。雄花为稀疏的聚伞花序,长达4.5cm;花序梗长0.3~3.6cm,与花序分枝有密或疏的短毛;苞片条状披针形,长2.5~4mm。雌花序近无梗或有梗,直径2~8mm,有多数密集的花;花序梗长1~4mm,密被短毛;苞片条形,长约1mm,有疏毛。

花 雄花花被片5，椭圆形，长约1.5mm，基部合生，3个较大，顶部有角状突起，2个较小，无突起，雄蕊5，退化雌蕊钻形，长约0.3mm。雌花花被片4～5，狭长圆形，长约0.5mm，其中2～3个较大，船形，外面顶部有短或长的角状突起，其余的较小，平，无突起；退化雄蕊极小。

果 瘦果近椭圆球形，长约0.8mm，有小瘤状突起。

引种信息

桂林植物园　自广西田林老山引种苗（引种号XZB20180124-04）。

华南植物园　自广东深圳引种苗（登录号20010336）、自广东龙门引种苗（登录号20052972）、自湖南桑植引种苗（登录号20070310）、自湖南桑植引种苗（登录号20070341）。

物候

桂林植物园　花期9～11月。

华南植物园　花期2～5月；果期4月。

迁地栽培要点

阴湿处林下种植。

主要用途

无。

植株

叶背　　　　雄花序（幼）　　　　雌花序及雌花

165

68
长柄赤车

Pellionia tsoongii Merr., Lingnan Sci. J. 6 (4): 325. 1928

自然分布

海南、广西、云南。生于300~1300m的山谷林下或石崖阴湿处。

迁地栽培形态特征

多年生草本。

🌿 长约20cm，基部木质，下部在节处生根，无毛或上部有短柔毛或无毛。

🍃 互生，有长柄；叶片纸质，斜椭圆形或斜长圆状倒卵形，长12.5~20cm，宽5.8~11cm，顶端渐尖，基部在狭侧耳形或浅心形，在宽倒耳形，边缘全缘，两面无毛或下面沿脉有短糙毛，钟乳体明显，密，长0.5~0.7mm，基出脉3条；叶柄长4~19cm，粗壮，无毛或有毛；托叶三角形，长12~18mm，宽3~6mm，顶端尾状长骤尖；退化叶卵形或狭卵形，长3~4mm。

🌸 通常雌雄异株。雄聚伞花序宽2~4cm，分枝密被短毛，有多数密集的花；花序梗长3.2~10cm，无毛；苞片披针形，长约2.5mm。雌聚伞花序宽2~3cm，有多数密集的花；花序梗长2~10cm；苞片三角形或狭卵形，长约0.8mm。

🌺 雄花花被片5，近椭圆形，长约1.6mm，基部合生，无毛；雄蕊5，花药卵形，长约0.6mm；退化雌蕊圆锥形，长约0.2mm。雌花花被片5，通常3个较大，船状狭长圆形，长约0.8mm，顶部有不明显短角状突起和疏毛，果期增大，长达1.5mm，2个较小，狭披针形，长约0.5mm；子房卵形。

🍎 瘦果卵球形，长约1mm，有小瘤状突起。

引种信息

桂林植物园　自广西东兴的引种苗（引种号LY20160523-03）。

华南植物园　自广西那坡引种苗（登录号20060511）、自云南文山引种苗（登录号20130161）。

物候

桂林植物园　花期11~12月。

华南植物园　花期4~5月；果期5~11月。

迁地栽培要点

阴湿处林下种植。

主要用途

无。

植株

叶背

植株

果序及瘦果

167

69

绿赤车

Pellionia viridis C. H. Wright, J. Linn. Soc., Bot. xxvi. 23: 481. 1899

植株

自然分布

云南、四川、湖北。生于海拔650～1200m的山地林中或沟边阴湿处。

迁地栽培形态特征

多年生草本或亚灌木。

茎 高25～70cm，基部木质，分枝，无毛。

叶 互生，无毛；叶片草质，稍斜，狭长圆形或披针形，长5～15cm，宽1.6～5cm，顶端渐尖或长渐尖，基部钝或圆形，对称，稍盾形，边缘下部全缘，其上有浅波状钝齿，钟乳体明显，密，长0.2～0.4mm，不等离基三出脉，侧脉在狭侧2～3条，在宽侧3～5条；叶柄长4～16mm；托叶钻形，长约3.5mm。

花序 雌雄异株或同株。雄花序为聚伞花序，长0.8～2.2cm；花序梗长5～18mm，无毛；苞片三角形或条状披针形，长约2mm，边缘有短睫毛。雌花序近球形，直径3～5mm，有多数密集的花；花序梗长1.5～5mm；苞片条形或狭条形，长1～2mm。

花 雄花花被片5，船状椭圆形，长1.6～2mm，基部合生，其他分生，外面顶端之下有长0.5～1mm的角状突起，有疏毛；雄蕊5；退化雌蕊极小，近棒状。雌花花被片5，不等大，狭长圆形或狭披针形，长0.5～1mm，有1～3个呈船形，外面顶端之下有长0.5～0.8mm的角状突起，边缘有疏毛。

果 瘦果狭卵球形，长约1mm，有小瘤状突起。

引种信息

桂林植物园　引种信息缺失。

华南植物园　自四川峨眉山引种苗（登录号20113543）。

物候

桂林植物园　花期5～6月；果期11～12月。

华南植物园　花期5～6月和9～12月；果期10月至翌年2月。

迁地栽培要点

阴湿处林下种植。

主要用途

无。

植株

雄花序及雄花

果序及瘦果

冷水花属

Pilea Lindl., Coll. Bot. (Lindley) ad t. 4 (1821)

　　草本或亚灌木，稀灌木，无刺毛。叶对生，具柄，稀同对的一枚近无柄，叶片同对的近等大或极不等大，对称，有时不对称，边缘具齿或全缘，具三出脉，稀羽状脉，钟乳体条形、纺锤形或短杆状，稀点状；托叶膜质鳞片状，或草质叶状，在柄内合生。花雌雄同株或异株，花序单生或成对腋生，聚伞状、聚伞总状、聚伞圆锥状、穗状、串珠状、头状，稀雄的盘状；苞片小，生于花的基部。花单性，稀杂性；雄花四基数或五基数，稀二基数；花被片合生至中部或基部，镊合状排列，稀覆瓦状排列，在外面近顶端处常有角状突起；雄蕊与花被片同数；退化雌蕊小。雌花通常三基数，有时五、四或二基数；花被片分生或多少合生，在果时增大，常不等大，有时近等大，当三基数时，中间的一枚常较大，外面近顶端常有角状突起或呈帽状，有时背面呈龙骨状；退化雄蕊内折，鳞片状，花后常增大，明显或不明显；子房直立，顶端多少歪斜；柱头呈画笔头状。瘦果卵形或近圆形，稀长圆形，多少压扁，常稍偏斜，表面平滑或有瘤状突起，稀隆起呈鱼眼状。种子无胚乳；子叶宽。

　　本属约有400种，分布于美洲热带约有200种，亚洲东南部热带与亚热带约有120种，非洲热带（主要在马达加斯加岛）约有40种，巴布亚新几内亚约有20种。我国约有90种，主要分布长江以南省区，少数可分布到东北、甘肃等地。

　　在我国南方热带和亚热带山区，本属植物常是组成荫湿环境草本植被的主要建群植物；有些种类可供药用；本属多数植物，茎叶多汁无毒，可作饲料；有的种茎肉质透明，叶有色斑，可供庭园栽培观赏用。

70
圆瓣冷水花

别名： 圆瓣冷水麻、棱枝冷水花、湖北冷水花

Pilea angulata (Blume) Blume, Mus. Bot. 2 (1-8): 55 1856

植株

自然分布

广东、广西、云南、西藏、贵州、四川、陕西。生于海拔800~2300m的山坡阴湿处。

迁地栽培形态特征

多年生草本。

茎 肉质，高30~100（~200）cm，粗3~9mm，干时多少有棱，几乎不分枝。

叶 同对的近等大，草质，卵状椭圆形、卵状或长圆状披针形，长7~23cm，宽3~7cm，顶端渐尖基部圆形，稀微缺，边缘有粗锯齿或粗牙齿状锯齿，干时上面深绿色，下面浅绿色，钟乳体纺锤状条形，长约0.4mm，两面散生，不甚明显，基出脉3条，其侧生的二条稍弧曲，伸达上部与侧脉环结，侧脉多数，上部的3~4对彼此网结，下部的数对斜展；叶柄长2~9cm；托叶大，带绿色，长圆形，长1~2.5cm，顶端钝圆，半宿存。

花序 雌雄异株；花序聚伞圆锥状，常成对生于叶腋，雄花序长1~2cm，雄花密集生于花枝上，但不成头状花簇；雌花序长2~5cm，常疏散。

171

花 雄花具梗，在芽时长约2mm；花被片常草质，带绿色，4裂，裂片常倒卵状长圆形，顶端锐尖，背面近顶端有一长喙，外面有钟乳体；雄蕊4，药隔红色；退化雌蕊小，圆锥形，基部周围有白色绵毛。雌花花被裂片，合生到先端，相等，半圆形或宽卵形，长为果的1/3～1/2，先端钝；退化雄蕊长圆形。

果 瘦果圆卵形，顶端歪斜，长1.2～1.6mm，初时绿褐色，光滑，熟时变黑褐色，具短刺状突起物；宿存花被片膜质，带绿色，3浅裂，近等大，合生至上部成杯状，裂片近半圆形或宽卵形，顶端钝，长及果的1/3至1/2。

引种信息

桂林植物园 自广西巴马引种苗（引种号FLF180607–09）。

华南植物园 自广西桂林植物园引种苗（登录号20041119）、自湖北武汉植物园引种苗（登录号20060981）、自云南文山引种苗（登录号20130212）、自江西龙南引种苗（登录号20130575）、自湖南新宁引种苗（登录号20131972、20131973）

物候

桂林植物园 花期6～9月；果期9～11月。

华南植物园 花期9～12月；果期11月至翌年1月。

迁地栽培要点

阴湿处林下种植。

主要用途

无。

植株

叶背

雄花序及雄花

雌花序及雌花

71

异叶冷水花

Pilea anisophylla Wedd., Arch. Mus. Hist. Nat. viii. (1855-56) 193

自然分布

西藏、云南。生于海拔900～2400m的山坡阔叶林下路边或山谷阴湿处。

迁地栽培形态特征

多年生草本。

茎 具匍匐地下茎，倾斜上升，肉质，高30～150cm，粗3～10mm，无毛或在上部疏生串珠毛，常有分枝。

叶 叶近膜质，在同对异形、极不等大，大者：不对称，镰状披针形、卵状或长圆状披针形，有时卵形，长5～16cm，宽2～5cm，顶端长尾状渐尖，基部微缺，浅心形或耳状深心形，叶柄长1～2.5cm，叶柄上面和叶片上面主脉上多少有多细胞串珠毛，有时无毛；小者：无柄或近无柄，叶片三角状卵形或狭卵形，长1～3cm，宽0.4～1.2cm，顶端锐尖或渐尖，基部稍偏斜，深心形或近截形，半抱茎；边缘近全缘或在顶端疏生1～2（～3）枚浅锯齿，钟乳体条形，在上面较细小，长约0.2mm，在下面较粗大，长0.4～0.6mm，基出脉3条，其侧生一对弧曲，伸达顶端，二级脉多数，纤细，平行横向，整齐而密集的结成网脉，外向的在近边缘环结；托叶小，三角形，长1～2mm，宿存。

花序 雌雄异株或同株；花序常单生于较大的一枚叶腋内，雄花序幼时内向拳卷，长穗状或少数几条小穗排成总状，花密集成团伞花簇稍稀疏地着生于序轴的内侧，长3～8cm，花序梗长1～3.5cm，无毛或疏生串珠毛，雌花序聚伞总状或圆锥状，长2～6cm，花序梗长1～2cm。

花 雄花具梗或无梗，在芽时长约1.2mm；花被片4，外面常有钟乳体，近顶端有短角；雄蕊4，花药长圆形；退化雌蕊小，圆锥形。雌花近无梗，长约0.7mm；花被片3，不等大，果时中间的一枚近船形，长及果的一半，侧生的二枚三角状卵形，较中间一枚短约2倍。

果 瘦果圆卵形，几不偏斜，扁，长约1mm，光滑。

引种信息

桂林植物园 自西藏墨脱引种苗（引种号WF180826-16）。

物候

桂林植物园 花期7～9月；果期9～12月。

迁地栽培要点

阴湿处林下种植。

主要用途

无。

植株

植株

叶背

退化叶

雌花序及雌花

72

湿生冷水花

Pilea aquarum Dunn, J. Linn. Soc., Bot. xxxviii. 38: 366 (1908)

植株

自然分布

福建、江西、广东北部、湖南和四川东南部。生于海拔350~1 500m山沟水边阴湿处。

迁地栽培形态特征

多年生草本。

茎 肉质，带红色，高10~30cm，粗1.5~3mm，被短柔毛或近于无毛，地上茎不分枝或少分枝。

叶 膜质，同对的近等大，宽椭圆形或卵状椭圆形，长1.5~6cm，宽1~4cm，顶端锐尖、钝尖或短渐尖，基部宽楔形或钝圆，边缘下部以上有钝圆齿，上面干时墨绿色，带光泽，下面浅绿色，两面有短毛或近于无毛，钟乳体极小，不明显，条形，长约0.1~0.2mm，基出脉3条，在上面隆起，侧出的二条弧曲，伸达上部齿尖或与侧脉环结，侧脉数对，不整齐且不明显；叶柄长0.5~3.5cm，被短柔毛或近无毛；托叶薄膜质，褐色，近心形，顶端锐尖，长3~5mm，宿存。

花序 花雌雄异株；雄花序聚伞圆锥状，具梗，花序梗长1.5~3.5cm，连同花序梗长2~7cm；雌花序聚伞状，无梗，密集成簇生状，或具短梗，长不过10mm。

花 雄花具短梗或无梗，在芽时长约2mm；花被片4，椭圆形，外面近顶端处有明显的短角突起，近无毛；雄蕊4；退化雌蕊圆锥形，长约0.3mm。雌花小，无梗；花被片3，不等大，在果时中间的一枚近船形，长及果的约一半，侧生的二枚更小；退化雄蕊3，

果 果近圆形，双凸透镜状，顶端歪斜，长约0.7mm，绿褐色，表面有细疣点。

引种信息

　　桂林植物园　自广西田林引种苗（引种号FLF20180412–02）。

　　华南植物园　自广西金秀引种苗（登录号20053431）、自湖北恩施引种苗（登录号20140229、20140240）。

物候

　　桂林植物园　花期2~4月；果期4月。

　　华南植物园　花期3~4月；果期3月。

迁地栽培要点

　　阴湿处林下种植。

主要用途

　　无。

植株

叶背　　　托叶　　　雄花序及雄花

73
基心叶冷水花

Pilea basicordata W. T. Wang, Bull. Bot. Res., Harbin 2 (3): 44 (1982)

植株

自然分布

广西。生石灰岩山坡杂木林阴处石上，海拔850m。

迁地栽培形态特征

矮小灌木或亚灌木。

茎 直立，高6～13cm，粗约6mm，灰绿色，皮孔椭圆形，密布短杆状钟乳体，节密集，叶痕明显，半圆形，不分枝。

叶 肉质，干时厚纸质，生于茎的上部，长圆状卵形，长8～12cm，宽5～8cm，顶端渐尖或短尾状渐尖，基部心形或深心形，边缘自中部以上啮蚀状波状或近全缘，两面干时变灰绿色，钟乳体纺锤形，长约0.4mm，两面明显，叶脉在两面近平坦，基出脉3，侧出的一对稍弧曲，伸达上部四分之一处与侧脉网结，侧脉约10对，不明显，外向二级脉约10条，在近边缘处网结；叶柄粗，长3～8cm，密布钟乳体；托叶大，干膜质，干时棕褐色，长圆形，长约2cm，宽0.8～1cm，有纵肋数条，半宿存。

花序 雌雄同株；花序单生于茎上部叶腋，聚伞圆锥状，疏松，长8～13cm，其中花序梗长6～8cm；苞片三角状卵形，长约0.8mm。

花 雄花梨形，在芽时长近2mm，花梗长2～3mm；花被片4，合生至中部，卵形，外面近顶端处有明显的短角；雄蕊4；退化雌蕊小，圆锥状，周围疏生绵毛；雌花具短梗；花被片4，近等大，卵状长圆形，长约0.5mm，背面多少呈龙骨状；退化雄蕊小，椭圆状长圆形，在果时增长至约1.2mm；子房长圆形，长约1mm，柱头纤毛粗。

果 瘦果长圆状卵形，凸透镜状，长约1.5mm，表面有糠皮状皱纹，熟时变橙色，有小刺状的突起。

引种信息

桂林植物园　自广西永福引种苗（引种号XZB20180829–23）。

华南植物园　自广西引种苗（登录号20100976）。

贵州省植物园　引种信息缺失

物候

桂林植物园　花期3～4月；果期4～5月。

华南植物园　花期1～3月；果期2～3月。

贵州省植物园　花期1～2月。

迁地栽培要点

阴湿处林下种植。

主要用途

无。

植株

叶背

雄花序及雄花

74
五萼冷水花

Pilea boniana Gagnep., Bull. Soc. Bot. France 75: 71. 1928

植株

自然分布

广西、云南和贵州。生于海拔300~2200m的石灰岩山坡山谷林下或林缘岩石上。

迁地栽培形态特征

多年生草本。

茎 根茎匍匐，根纤细。茎高15~100cm，下部多少木质化，圆柱状，常有小疣状突起，上部肉质，有不明显的纵棱，有时呈四方棱形，几不分枝。

叶 叶膜质至薄纸质，同对的不等大或近等大，常椭圆形，有时椭圆状披针形、长圆状椭圆形或卵形，对称，有时偏斜，长（1~）3~12（~16）cm，宽（0.8~）1.5（~7~5）cm，基部常宽楔形或圆形，有时微缺，顶端骤尖、渐尖、短尾状渐尖或急尖，边缘具浅圆齿状细锯齿或仅在上部有不明显的浅圆齿，锯齿多少有短尖头，或近于全缘，稀波状圆齿，上面干时常变黑褐色或深绿色，下面常带紫红色，干时淡绿色或褐紫色，基出三脉或不明显的离基三出脉，其侧生的一对弧曲，伸达近顶端，侧脉6~10对，不整齐横向斜伸，细脉常不规则的纵向伸出，外向的二级脉在近边缘处被此网结，在较厚的叶中，二级以下的脉常不明显，钟乳体条形，纤细，长0.6~0.8mm，在上面明显；叶柄纤细或粗，长0.6~5（~7）cm；托叶宽三角形，长约1mm，在叶柄间多少合生，半宿存。

花序 雌雄异株或同株，雄花序生上部叶腋，花序梗长4～10cm，连同总花梗长6～16cm，聚伞总状、伞房状或圆锥状，三叉分枝，分枝常平展，团伞花簇疏松排列于花枝上，序轴一侧常生短柔毛；雌花序生于雄的下部叶腋，聚伞花序紧缩成头状，花序梗开花时较短，受精后迅速增长可达7cm，近无毛。

花 雄花具梗，在芽时倒卵状，顶端近截平，直径1.5～2mm；花被片5，合生至中部，覆瓦状排列，长圆状卵形，顶端钝圆，有时其中二、三枚的外面近顶端处有明显的短角；雄蕊5；退化雌蕊很小，圆锥状至线形。雌花具短梗；花被片5，覆瓦状排列，离生，不等大，长圆形或船形，有的背面龙骨状隆起，与子房近等长；退化雄蕊小；柱头毛为多细胞串珠状，长与子房近等。

果 瘦果菱状卵形，长约2mm，压扁，近边缘处有不明显的棱，熟时呈凸透镜状，基部楔形，表面有细疣点，宿存花被长与果近等或相当于果的2/3。

引种信息

桂林植物园　自广西马山引种苗（引种号XZB20180822-10）。

物候

桂林植物园　花期4～6月；果期6～7月。

迁地栽培要点

阴湿处林下种植。

主要用途

无。

植株　雄花序　雄花序及雄花　果序及瘦果

75
花叶冷水花

别名: 金边山羊血

Pilea cadierei Gagnep. & Guillaumin, Bull. Mus. Natl. Hist. Nat. 1938, Ser. II. x. 629 (1939)

植株

自然分布

原产越南中部山区,我国广泛栽培。

迁地栽培形态特征

多年生草本;或半灌木,具匍匐根茎。

茎 肉质,下部多少木质化,高15~40cm。

叶 多汁,干时变纸质,同对的近等大,倒卵形,长2.5~6cm,宽1.5~3cm,顶端骤凸,基部楔形或钝圆,边缘自下部以上有数枚不整齐的浅牙齿或啮蚀状,上面深绿色,中央有2条(有时在边缘也有2条)间断的白斑,下面淡绿色,钟乳体梭形,长0.3~0.5mm,两面明显,基出脉3,其侧生二条稍弧曲,伸达上部与邻近的侧脉环结,二级脉在上部约3对,明显,下部的不明显,外向的二级脉数对,在近边缘处环结;叶柄长0.7~1.5cm;托叶草质,淡绿色,干时变棕色,长圆形,长1~1.3cm,早落。

花序 花雌雄异株;雄花序头状,常成对生于叶腋,花序梗长1.5~4cm,团伞花簇径6~10mm;苞片外层的扁圆形,长约3mm,内层的圆卵形,稍小。雌花序未见。

181

花　雄花倒梨形，长约2.5mm，梗长2～3mm；花被片4，合生至中部，近兜状，外面近顶端处有长角状突起，外面密布钟乳体，内面下部疏生绵毛；雄蕊4；退化雌蕊圆锥形，不明显。雌花未见。

果　未见。

引种信息

桂林植物园　自广西桂林花鸟市场引种苗。

物候

桂林植物园　花期9～10月。

迁地栽培要点

阴湿处林下种植。

主要用途

我国各地温室与中美洲常有栽培供观赏用。

叶

叶背　　　托叶　　　雄花序及雄花

76
波缘冷水花

Pilea cavaleriei H. Lév., Repert. Spec. Nov. Regni Veg. 11: 65. 1912

植株

自然分布

福建、浙江、江西、广东、广西、湖南、贵州、湖北和四川。生于海拔200~1500m的林下石上湿处。

迁地栽培形态特征

多年生草本。

茎 根状茎匍匐，地上茎直立，多分枝，高5~30cm，粗1.5~2.5mm，下部裸露，节间较长，上部节间密集，干时变蓝绿色，密布杆状钟乳体。

叶 集生于枝顶部，同对的常不等大，多汁，宽卵形、菱状卵形或近圆形，长8~20mm，宽6~18mm，顶端钝，近圆形或锐尖，基部宽楔形、近圆形或近截形，在近叶柄处常有不对称的小耳突，边缘全缘，稀波状，上面绿色，下面灰绿色，呈蜂巢状，钟乳体仅分布于叶上面，条形，纤细，长约0.3mm，在边缘常整齐纵行排列一圈，基出脉3条，不明显，有时在下面稍隆起，其侧出的一对达中部边缘，侧脉2~4对，斜伸出，常不明显，细脉末端在下面常膨大呈腺点状；叶柄纤细，长5~20mm；托叶小，三角形，长约1mm，宿存。

花序 雌雄同株；聚伞花序常密集成近头状，有时具少数分枝，雄花序梗纤细，长1~2cm，雌花序梗长0.2~1cm，稀近无梗；苞片三角状卵形，常约0.4mm。

花 雄花具短梗或无梗，淡黄色，在芽时常约1.8mm；花被片4，倒卵状长圆形，内弯，外面近顶端几乎无短角突起；雄蕊4，花丝下部贴生于花被；退化雌蕊小，长圆锥形。雌花近无梗或具短梗，长约0.5mm；花被片3，不等大，果时中间一枚长圆状船形，边缘薄，干时带紫褐色，中央增厚，淡绿色，长及果的一半，侧生二枚较薄，卵形，比长的一枚短约一倍；退化雄蕊不明显。

果 瘦果卵形，稍扁，顶端稍歪斜，边缘变薄，长约0.7mm，光滑。

引种信息

桂林植物园　自广西融水引种苗（引种号 HSL20150420–02）。

华南植物园　自广西阳朔引种苗（登录号 20120575）。

物候

桂林植物园　花期2～4月；果期4～5月。

华南植物园　花期2～6月和12月；果期3～7月。

迁地栽培要点

阴湿处林下种植。

主要用途

全草入药，有解毒消肿之效。

植株

雄花序及雄花　　　雌花序及雌花　　　果序及瘦果

77

心托冷水花

Pilea cordistipulata C. J. Chen, Bull. Bot. Res., Harbin 2 (3): 60. 1982

自然分布
贵州、广西、广东和云南。生于海拔1100~1300m的山谷阴湿地。

迁地栽培形态特征
多年生草本。

茎 高5~20cm，带红色，密被短毛，不分枝或少分枝。

叶 同对的不等大，倒卵状长圆形或卵状长圆形，稀圆卵形，长1.2~7cm，宽1~3.8cm，顶端锐尖或短渐尖，基部圆形或钝形，边缘有牙齿，上面深绿色，干时深褐色，生透明长白毛，下面紫红色，干时褐绿色，脉上生短毛，钟乳体仅在下面稍明显，梭形，长约0.2mm，基出三脉或近离基三脉，其侧生的二条弧曲，伸达上部与侧脉网结，在两面稍隆起，侧脉数条以约75角度斜展；叶柄长0.5~3cm，被短毛；托叶薄膜质，褐色，近心形，长5~8mm，宿存。

花序 雌雄异株或同株；雄花序聚伞圆锥状，长3~6cm，花序梗长2~3cm；雌花序多回二歧聚伞状，具纤细的长梗，长2~5cm，苞片卵形，长约0.8mm。

花 雄花具梗，在芽时长2~2.5mm；花被片4，卵状长圆形，顶端渐狭，其中二枚外面近顶端处有不明显短角；雄蕊4，花药长圆形；退化雌蕊钻形，长约0.3mm。雌花小，近无梗；花被片3，不等大，在果时中间的一枚长及果的1/3，侧生的两枚更短；退化雄蕊长圆形，与花被片近等长。

果 瘦果小，偏斜，圆卵形，凸透镜状，长约0.8mm，熟时有细疣点。

引种信息
桂林植物园 自广西龙胜引种苗（引种号HSL20150519–02）。
华南植物园 自福建永春引种苗（登录号20113765）。

物候
桂林植物园 花期11月至翌年4月；果期5~6月。
华南植物园 花期4月。

迁地栽培要点
阴湿处林下种植。

主要用途
无。

植株

植株

叶背

雌花序及雌花

78
瘤果冷水花

Pilea dolichocarpa C. J. Chen, Bull. Bot. Res., Harbin 2 (3): 49. 1982

植株

自然分布

云南。生于海拔1100~1300m的石灰岩山坡林下阴湿处。

迁地栽培形态特征

多年生草本或半灌木，无毛。

茎 下部木质化，浑圆，高达1m，干时变黑色，多分枝。

叶 纸质，在同对不等大，卵形至披针形，微偏斜，长2.5~10cm，宽1.2~3.5cm，顶端渐尖或短尾状渐尖，基部圆形或浅心形，边缘自下部以上有浅锯齿，两面带光泽，干时上面变黑色，钟乳体小，细梭形，长0.2~0.3mm，基出脉3，其侧生的一对弧曲，伸达顶端齿尖，侧脉约10对，近横向伸展，外向二级脉在近边缘处彼此网结；叶柄纤细，在同对不等长，长0.7~2.7cm；托叶草质，长圆形，长6~7mm，脱落。

花序 雌雄异株，花序聚伞状，成对生于叶腋，雄花序4~6回二歧分枝，长1~2cm；雌花序3回二歧分枝，长约1cm，团伞花簇由少数几朵花组成，生于分枝的顶端；苞片三角状卵形，长约0.6mm。

花 雄花具短梗，在芽时宽倒卵形，长约1.4mm，干时深紫红色；花被片4，合生至中部，长圆状卵形，淡红色，干时变棕红色，外面近顶端处有短角；雄蕊4，花药长圆形；退化雌蕊小，圆锥状，疏生绵毛。雌花具短梗：花被片4，近等长，三角状卵形，近顶端处具短角，较子房略短；退化雄蕊小，以后增大；子房长圆形。

果 瘦果长圆形，稍扁，长约1.2mm，熟时黄褐色，表面密布粗的瘤状或近脑纹状隆起；宿存花被片厚，比果短约3倍，外面有钟乳体；退化雄蕊带状，长过于花被。

引种信息

桂林植物园 自广西田林引种苗（引种号XZB20180124-09）。

华南植物园 自广东英德引种苗（登录号20031336）。

物候

桂林植物园 花期5月；果期6月。

华南植物园 花期10月；果期11月。

迁地栽培要点

阴湿处林下种植。

主要用途

无。

植株

叶背　　　　　雄花序及雄花　　　　　果序及瘦果

79
疣果冷水花

别名： 土甘草

Pilea gracilis Hand.-Mazz., Symb. Sin. Pt. 7: 136. 1929

植株

自然分布

四川、贵州、湖北、湖南、广西和云南。生于海拔400～1600m的山谷阴湿处。

迁地栽培形态特征

多年生草本。

🌿 **茎** 肉质，高20～100cm，带红色，干时变褐色，下部常有棱，不分枝或分枝。

🍃 **叶** 近膜质至纸质，同对的近等大，椭圆形、椭圆状披针形、长圆状狭披针形，稀倒卵状长圆形，长3～18cm，宽1.8～5cm，顶端渐尖至尾状渐尖，基部圆形或宽楔形，边缘有锯齿或圆齿状锯齿，上面深绿色，疏生透明粗毛，下面带紫红色或淡绿色，无毛，干时两面常变红褐色，钟乳体常细小，不明显，短杆状或纺锤形，长0.1～0.2mm，基出脉3条，两面隆起，侧脉多数，横向结成网脉；叶柄长1～7cm；托叶膜质，三角形，长约1mm，宿存。雌雄异株。

🌸 **花序** 多回二歧聚伞状，有时雄的聚伞圆锥状，成对生于叶腋，雄的长2～5cm，其中总花梗长1～2.5cm。雌花序未见。

189

花 雄花大，具短梗，在芽时长约2mm；花被片4，卵形，顶端锐尖，几乎无短角突起；雄蕊4；退化雌蕊小，圆锥形。雌花未见。

果 未见。

引种信息

桂林植物园 自广西玉林引种苗（引种号XZB20180308-08）。

华南植物园 引种信息缺失。

物候

桂林植物园 花期11～12月。

迁地栽培要点

阴湿处林下种植。

主要用途

全草入药，对脾虚、水肿有疗效；茎叶也可作猪饲料。

植株

雄花序及雄花　　雌花序及雌花　　果序及瘦果

80
盾基冷水花

Pilea insolens Wedd., Prodr. [A. P. de Candolle] 16 (1): 118. 1869

植株

自然分布

西藏。生于海拔1600~2700m的山谷常绿和阔叶落叶混交林下或灌丛下阴湿处，有时长在树干的苔藓上。

迁地栽培形态特征

草本。

茎 肉质，柔软，高20~50cm，粗1.5~3mm，节间疏长，几不分枝。

叶 叶膜质，叶片稍不对称，卵形，同对叶极不等大，有时小的一枚完全退化呈互生状：大的长5~13cm，宽3~6cm，顶端尾状渐尖，稀渐尖，基部盾状着生呈圆形或基着生呈耳状心形，边缘上部或中部以下全缘，在此以上有数枚远离的浅锯齿，叶柄长1~5cm；小的长1.5~4cm，宽0.8~2cm，顶端锐尖至渐尖，基部耳状心形或近截形，边缘近顶端有数枚远离的浅锯齿，叶柄长2~6mm，或无柄半抱茎，上面绿色，下面浅绿色，钟乳体在上面较细小，杆状，长约0.1~0.2mm，在下面较长大，条形，长0.4~0.5mm，基出脉3条，侧出的二条在基部呈圆形，向上弧曲，伸达顶端，二级脉多数，横向，

191

彼此结成梯形网脉,外向的在边缘环结;托叶三角状卵形,长1.5~2mm,宿存。

花序 花序雌雄异株或同株;花序圆锥状,单生于叶腋,纤细,长5~10cm,花序梗长2.5~5cm,花稀疏的生于花枝上;苞片三角状卵形,长约0.3mm。

花 雄花淡黄色,在芽时长约2.5mm,花梗纤细,长约2mm;花被片4,合生至中部,卵形,顶端尾状尖,外面近顶端有明显的短尖头;雄蕊4;退化雌蕊极小,圆锥形。雌花小,长约0.6mm;花被片3,不等大,果时中间的一枚长圆状舟形,长为果的约一半,侧生的二枚三角状卵形,比中间的短2~3倍。

果 瘦果卵球形,稍扁,顶端稍偏斜,长约1mm。

引种信息

桂林植物园 自西藏马尼翁引种苗(引种号WF180825-08)。

物候

桂林植物园 花期6~8月;果期9~10月。

迁地栽培要点

阴湿处林下种植。

主要用途

无。

81

山冷水花

别名： 山美豆、苔水花、华东冷水花

Pilea japonica Hand.-Mazz., Symb. Sin. Pt. 7: 141. 1929

植株

自然分布

吉林、辽宁、河北、河南、陕西、甘肃、四川、贵州、云南、广西、广东、湖南、湖北、江西、安徽、浙江、福建、台湾。生于海拔500~1900m的山坡林下、山谷溪旁草丛中或石缝、树干长苔藓的阴湿处。

迁地栽培形态特征

多年生草本。

茎 肉质，无毛，高（5~）30（~60）cm，不分枝或具分枝。

叶 对生，在茎顶部的叶密集成近轮生，同对的叶不等大，菱状卵形或卵形，稀三角状卵形或卵状披针形，长1~6（~10）cm，宽0.8~3（~5）cm，顶端常锐尖，有时钝尖或粗尾状渐尖，基部楔形，稀近圆形或近截形，稍不对称，边缘具短睫毛，下部全缘，其余每侧有数枚圆锯齿或钝齿，下部的叶有时全缘，两面生极稀疏的短毛，基出脉3条，其侧生的一对弧曲，伸达叶中上部齿尖，或与最下部的侧脉在近边缘处环结，侧脉2~3（~5）对，钟乳体细条形，长0.3~0.4mm，在上面明显；叶柄纤细，长0.5~2（~5）cm，光滑无毛；托叶膜质，淡绿色，长圆形，长3~5mm，半宿存。

花序 雌雄同株，常混生，或异株，雄聚伞花序具细梗，常紧缩成头状或近头状，长1~1.5cm；雌聚伞花序具纤细的长梗，连同总梗长1~3（~5）cm，团伞花簇常紧缩成头状或近头状，一、二枚或数枚疏松排列于花枝上，序轴近于无毛或具微柔毛；苞片卵形，长约0.4mm。

花 雄花具梗，在芽时倒卵形或倒圆锥形，长约1mm；花被片5，覆瓦状排列，合生至中部，倒卵形，内凹，在外面近顶端处有短角，其中二枚较长；雄蕊5；退化雌蕊明显，长圆锥状，长约0.5mm。雌花具梗；花被片5，近等大，长圆状披针形，与子房近等长，其中2~3枚在背面常有龙骨状突起，顶端生稀疏短刚毛；子房卵形；退化雄蕊明显，鳞片状，长圆状披针形，在果时长约0.8mm。

果 瘦果卵形，稍扁，长1~1.4mm，熟时灰褐色，外面有疣状突起，几乎被宿存花被包裹。

引种信息

桂林植物园 自广西那坡引种苗（引种号FLF180605-08）。

物候

桂林植物园 花期7~9月；果期8~11月。

迁地栽培要点

阴湿处林下种植。

主要用途

全草入药，有清热解毒，渗湿利尿之效。

雄花序

叶 叶背 托叶

82
长茎冷水花

别名：长柄冷水花、接骨风

Pilea longicaulis Hand.-Mazz., Symb. Sin. Pt. 7: 127. 1929

植株

植株

自然分布

广西。生于海拔约700m的石灰岩山坡阴湿处。

迁地栽培形态特征

亚灌木。

㊥ 上部肉质,下部木质化,高50~80cm,干时淡绿色,浑圆。

㊥ 叶鲜时稍肉质,干时厚纸质,同对的不等大,椭圆状披针形、椭圆形,稀卵形,有时稍偏斜,长6~15cm,宽3~6cm,基部钝圆或宽楔形,顶端渐尖或短尾状渐尖,边缘近全缘或上部具极不明显浅齿或啮蚀状,干时两面淡绿色,有光泽,钟乳体两面明显,条形,长0.6~1mm,基出脉3,在两面微隆起,其侧生的一对弧曲,伸达顶端,侧脉10余对,横向伸展,在两面均不明显,外向的二级脉在近边缘网结,不明显;叶柄长1~3cm;托叶草质,长圆形,长7~9mm,早落。

㊥ 雌雄异株,花序聚伞圆锥状或总状,成对生于叶腋,长1~2cm。

㊥ 雄花具短梗,干时深紫红色,在芽时宽倒卵形,长约1.5mm;花被片4,合生至中部,椭圆形,内凹,在外面近顶端处有不明显短角,有时顶端有1根刚毛;雄蕊4,药隔深紫红色;退化雌蕊小,圆锥状。雌花无梗;花被裂片椭圆形;退化雄蕊长圆形。

㊥ 瘦果宽椭圆状卵形,扁平,几不偏斜,长约1.5mm,黄褐色,中央有一圈深紫红色的环带。

引种信息

桂林植物园 自广西南丹引种苗(引种号XZB20180129-04)。

华南植物园 自广西桂林植物园引种苗(登录号20041156)、自广西阳朔引种苗(20120585)、自广西龙胜引种苗(20130766)。

物候

桂林植物园 花期12月至翌年2月;果期2~3月。

华南植物园 花期1~4月。

迁地栽培要点

阴湿处林下种植。

主要用途

全草作药用,有跌打损伤、消肿、散血之效。

叶背

雄花序及雄花

雌花序及雌花

83
长序冷水花

别名： 三脉冷水花、大冷水麻

Pilea melastomoides (Poir.) Wedd., Ann. Sci. Nat. Ser. 4, 1: 186. 1854

植株

自然分布

台湾、广东、海南、广西、云南、西藏。常生海拔700～1750m常绿阔叶林下和山谷阴湿处。

迁地栽培形态特征

高大草本或半灌木。

茎 茎高达2m，粗达1cm，上部肉质，干后常变蓝绿色，上部的节间密。

叶 大，椭圆形、宽椭圆形或椭圆状披针形，长10～23cm，宽5～16cm，顶端凸尖或渐尖，基部楔形，稀近圆形，边缘除基部与顶端全缘外，有浅锯齿或圆齿，干后变墨绿色，褐色，基出脉3条，侧脉多数，与中脉成直角水平开展，网脉在下面明显，钟乳体细小，条形，长0.1～0.2mm；叶柄在同对的近等长，长2～9cm；托叶小，三角形，长约2mm。

花序 雌雄异株或同株；雄花序聚伞圆锥状，具粗的长梗，直立，长15～35cm，在上部有少数分枝，宽4～10cm；雌花序聚伞圆锥状或分枝很短近穗状，长较叶柄长或短。

花 雄花具短梗，在芽时长约1mm；花被片4，合生至中部，裂片顶端锐尖，有时在外面近顶端处有一短角；雄蕊4；退化雌蕊不明显。雌花无梗，长约0.8mm；花被片3，不等大，中间的一枚最长，近船形，侧生二枚较短，三角形；退化雄蕊3，不明显；子房椭圆形。

果 瘦果椭圆状卵形，几乎不歪斜，扁平，长1mm，表面近光滑或有疣点，近边缘有一圈稍隆起的呈点状或虚线的环纹。

引种信息

桂林植物园　自广西东兰引种苗（引种号HSL20151010-03）。

物候

桂林植物园　花期8~9月；果期10~11月。

迁地栽培要点

阴湿处林下种植。

主要用途

无。

植株

叶背

叶

雌花序

84

小叶冷水花

别名： 透明草、小叶冷水麻

Pilea microphylla (L.) Liebm., Kongel. Danske Vidensk. Selsk. Skr., Naturvidensk. Math. Afd. ser. 5, 2: 296, 302 (1851)

植株

自然分布

原产南美洲热带，后引入亚洲、非洲热带地区，在我国广东、广西、福建、江西、浙江和台湾低海拔地区已成为广泛的归化植物。常生长于路边石缝和墙上阴湿处。

迁地栽培形态特征

纤细小草本。

🌱 **茎** 肉质，多分枝，高3～17cm，粗1～1.5mm，干时常变蓝绿色，密布条形钟乳体。

199

叶 叶很小，同对的不等大，倒卵形至匙形，长3～7mm，宽1.5～3mm，顶端钝，基部楔形或渐狭，边缘全缘，稍反曲，上面绿色，下面浅绿色，干时呈细蜂巢状，钟乳体条形，上面明显，长0.3～0.4mm，横向排列，整齐，叶脉羽状，中脉稍明显，在近顶端消失，侧脉数对，不明显；叶柄纤细，长1～4mm；托叶不明显，三角形，长约0.5mm。

花序 雌雄同株，有时同序，聚伞花序密集成近头状，具梗，稀近无梗，长1.5～6mm。

花 雄花具梗，在芽时长约0.7mm；花被片4，卵形，外面近顶端有短角状突起；雄蕊4；退化雌蕊不明显。雌花更小；花被片3，稍不等长，果时中间的一枚长圆形，稍增厚，与果近等长，侧生二枚卵形，顶端锐尖，薄膜质，较长的一枚短约1/4；退化雄蕊不明显。

果 瘦果卵形，长约0.4mm，熟时变褐色，光滑。

引种信息

桂林植物园 自广西桂林引种苗（引种号XZB20190505-01）。
昆明植物园 引种信息缺失。

物候

桂林植物园 花期6～9月；果期9～10月。
昆明植物园 花期4～5月；果期6～7月。

迁地栽培要点

阴湿处林下种植。

主要用途

观赏。

植株

花序

雌花序及雌花

85
串珠毛冷水花

Pilea multicellularis C. J. Chen, Bull. Bot. Res., Harbin 2 (3): 108. 1982

植株

自然分布

云南、西藏。生于海拔2800m的山谷林下。

迁地栽培形态特征

草本。

茎 茎肉质，高过40cm，密被锈色的多细胞串珠状曲柔毛。

叶 同对的极不等大，卵形或长圆状卵形，稍不对称，大的长6～8cm，宽3.5～4.5cm，小的长2～4cm，宽1～2.8cm，顶端渐尖，基部心形，边缘有锯齿，干时变棕褐色，两面有串珠状曲柔毛，钟乳体不明显，杆状，长约0.2mm，基出脉3条，侧生的一对弧曲，伸达顶端齿尖，侧脉多数，横向；叶柄极不等长，大叶的长1～1.5cm，小叶的近无柄，密被锈色的串珠状曲柔毛；托叶早落。

花序 花雌雄异株；雄花序近长穗状，有少数分枝，长5～7cm，花密集生于序轴的一侧；雌花序聚伞圆锥状，具短梗，长达10cm。

花 雄花小，长约1mm，花被片4。雌花密集生于花枝上；花被片3，不等大，中间的一枚较长，近船形，果时长及果的1/2或与果近等长，侧生的二枚，三角状卵形，较中间的一枚短约3倍；退化雄蕊明显，长圆形，与中间的一枚花被片近等长。

果 瘦果卵球形，稍扁，长近1mm，近光滑或熟时有稀疏不整齐的疣点。

引种信息

桂林植物园　自西藏察隅引种苗（引种号WF180820-09）。

物候

桂林植物园　花期8～9月；果期10月。

迁地栽培要点

阴湿处林下种植。

主要用途

无。

植株　　　　　　　　　　　　　　　　　　　　　　　叶背

果序及瘦果

86

冷水花

Pilea notata C. H. Wright, J. Linn. Soc. Bot. xxvi. 26: 470. 1899

自然分布

广东、广西、湖南、湖北、贵州、四川、甘肃、陕西、河南、安徽、江西、浙江、福建、台湾。生于海拔300~1500m的山谷、溪旁或林下阴湿处。

迁地栽培形态特征

多年生草本。

茎 肉质，纤细，中部稍膨大，高25~70cm，粗2~4mm，无毛，稀上部有短柔毛，密布条形钟乳体。

叶 纸质，同对的近等大，狭卵形、卵状披针形或卵形，长4~11cm，宽1.5~4.5cm，顶端尾状渐尖或渐尖，基部圆形，稀宽楔形，边缘自下部至顶端有浅锯齿，稀有重锯齿，上面深绿，有光泽，下面浅绿色，钟乳体条形，长0.5~0.6mm，两面密布，明显，基出脉3条，其侧出的二条弧曲，伸达上部与侧脉环结，侧脉8~13对，稍斜展呈网脉；叶柄纤细，长1~7cm，常无毛，稀有短柔毛；托叶大，带绿色，长圆形，长8~12mm，脱落。

花序 花雌雄异株；雄花序聚伞总状，长2~5cm，有少数分枝，团伞花簇疏生于花枝上；雌聚伞花序较短而密集。

花 雄花具梗或近无梗，在芽时长约1mm；花被片绿黄色，4深裂，卵状长圆形，顶端锐尖，外面近顶端处有短角状突起；雄蕊4，花药白色或带粉红色，花丝与药隔红色；退化雌蕊小，圆锥状。雌花未见。

果 瘦果小，圆卵形，顶端歪斜，长近0.8mm，熟时绿褐色，有明显刺状小疣点突起；宿存花被片3深裂，等大，卵状长圆形，顶端钝，长及果的约1/3。

引种信息

桂林植物园 自广西永福引种苗（引种号XZB20180829-36）。

华南植物园 自广西桂林植物园引种苗（登录号20041068）

物候

桂林植物园 花期8~9月；果期9~10月。

华南植物园 花期2~4月和8~11月。

迁地栽培要点

阴湿处林下种植。

主要用途

全草药用，有清热利湿、生津止渴和退黄护肝之效。

植株

植株

叶背

果序及瘦果

果序

87
盾叶冷水花

Pilea peltata Hance, Ann. Sci. Nat. Bot. ser. 5, 5: 242. 1866

植株

自然分布

　　广东、广西、湖南。常生于海拔100～500m的石灰岩山上石缝或灌丛下阴处。

迁地栽培形态特征

　　多年生草本。

　　茎 高5～27cm，粗1.5～4mm，叶常集生于茎顶端，下部裸露，节间短1～4cm，长1～4cm，不分枝。

　　叶 肉质，在同对稍不等大，常盾状着生，近圆形，稀扁圆形，长1～4.5（～7）cm，宽1～3.5（～4）cm，顶端锐尖或钝，基部心形、微缺或圆形，稀截形，边缘自下部有时自基部以上有数枚圆齿，两面干时常带蓝绿色，干时下面呈蜂窝状，钟乳体条形，长约0.2mm，上面密布，基出脉3，侧出的一对弧曲达中上部，外向的二级脉5～7对，其最下的二对较明显，侧脉数对，斜展，常不明显，细脉末端常有腺点；叶柄长0.6～4.5cm；托叶三角形，长约1mm，宿存。

　　花序 雌雄同株或异株；团伞花序由数朵花紧缩而成，数个稀疏着生于单一的序轴上，呈串珠状，

205

雄花序长3~4cm，其中花序梗长1~1.7cm，雌花序长1~2.5cm，其中花序梗0.5~1cm；苞片披针形，长约0.4mm。

🌸 **花** 雄花具短梗或无梗，淡黄绿色，在芽时长约1.5mm；花被片4，幼时帽状，顶端有一长而稍扁的角状突起，熟时变兜形，外面近顶端有角状突起，外面上部有明显的钟乳体。雄蕊4，花丝下部与花被片贴生；退化子房极小，长圆形。雌花近无梗；花被片3，不等大，果时中间一枚船形，长及果的近1/2，侧生的二枚卵形，比中间的一枚短1~2倍；退化雄蕊长圆形，与短的花被片近等长。

🍎 **果** 瘦果卵形，果时扁，顶端歪斜，长约0.6mm，棕褐色，光滑，边缘内有一圈不明显的条纹。

引种信息

桂林植物园 自广西融水引种苗（引种号HSL20150615-02）。

华南植物园 自广东阳春引种苗（登录号20011446）、自湖南江永引种苗（登录号20150009）。

物候

桂林植物园 花期6~8月；果期8~9月。

华南植物园 花期12月至翌年6月；果期2~3月。

迁地栽培要点

阴湿处林下种植。

主要用途

无。

植株

叶　　叶背　　雄花序及雄花　　果序及瘦果

88
钝齿冷水花

Pilea penninervis C. J. Chen, Bull. Bot. Res. (Harbin) 2 (3): 113. 1982

植株

自然分布

广西和云南。生于海拔700m的石灰岩山坡林下石上。

迁地栽培形态特征

多年生草本。

茎 稍肉质，高10~25cm，节间长1.5~3.5cm。

叶 肉质，干时厚纸质，同对的近等大，椭圆状或长圆状披针形，有时披针状条形，长1.5~4cm，宽0.5~1cm，顶端渐狭或锐尖，尖端钝头，基部钝形、近圆形或微缺，边缘略反卷，下部全缘，中部以上有3~4枚浅牙齿，上面绿色，略有光泽，下面呈细蜂窠状，钟乳体条形，长0.2~0.3mm，上面密布，下面较稀疏，具羽状脉，中脉在下面隆起，在上面凹陷，侧脉4~6条，不明显；叶柄长2~5mm；

207

托叶小，三角形，长近1mm，半宿存。

花序 雌雄异株；雄花序具梗，近头状或密集短穗状，长约3～8mm；苞片三角状卵形，长约0.5mm。雌花序长1～3cm，聚伞状。

花 雄花具短梗或无梗，在芽时长约1mm；花被片4，倒卵状长圆形，稍厚，中肋凹陷，顶端突起成短尖头，外面有钟乳体；雄蕊4;退化雌蕊长圆状卵形。雌花未见。

果 瘦果狭卵形，压扁，长约0.8mm，光滑。

引种信息

桂林植物园　自广西那坡引种苗（引种号 HSL20150418-03）。

物候

桂林植物园　花期2～4月；果期3～5月。

迁地栽培要点

阴湿处林下种植。

主要用途

无。

叶背

雄花序及雄花

植株

果序及瘦果

89
镜面草

别名：翠屏草

Pilea peperomioides Diels, Notes Roy. Bot. Gard. Edinburgh 5: 292 (1912).

植株

自然分布

云南、四川。生于海拔1500~3000m山谷林下阴湿处。

迁地栽培形态特征

多年生肉质草本。

茎 直立，粗状，不分枝，高2~13cm，粗5~10mm，节很密集，带绿色

叶 聚生茎顶端，茎上部密生鳞片状的托叶，叶痕大，半圆形。叶片肉质，干时变纸质，近圆形或圆卵形，长2.5~9cm，宽2~8cm，盾状着生于叶柄，顶端钝形或圆形，基部圆形或微缺，边缘全缘或浅波状，上面绿色，下面灰绿色，干时呈细蜂案状，钟乳体细杆状，长0.1~0.2mm，在上面较明显，基出脉3条，弧曲，在近顶端彼此网结，外向侧脉数对在近边缘处彼此结成网，其中最下面2~3对几乎从叶柄顶端伸出，连同基出脉构成放射状的脉纹，侧脉不明显；叶柄长2~17cm；托叶鳞片状，淡绿色，干时变棕褐色，三角状卵形，长约7mm，顶端短尾状渐尖，密布条形钟乳体。

花序 雌雄异株；花序单个生于顶端叶腋，聚伞圆锥状，长10~28cm，花序梗粗壮，长5~14cm，花疏松地排列于曲折生长的花枝上；苞片小，披针形，长约0.5mm。

花 雄花具梗，带紫红色，在芽时倒卵形，长约2.5mm；花被片4，倒卵形，外面近顶端有短角；

雄蕊4；退化雌蕊很小，长圆形。雌花近无梗；花被片3，不等大，中间一枚近船形，果时长不及果的一半，侧生的二枚狭三角形，比中间一枚短近2倍。

果 瘦果卵形，稍扁，歪斜，长约0.8mm，表面有紫红色细疣状突起。

引种信息

桂林植物园　引种信息缺失。

昆明植物园　引种信息缺失。

贵州省植物园　引种信息缺失。

物候

桂林植物园　花期3～4月。

昆明植物园　花期3～4月；果期4～5月。

迁地栽培要点

阴湿处林下种植。

主要用途

观赏。

植株

叶背

雄花序及雄花

90
矮冷水花

Pilea peploides (Gaudich.) Hook. & Arn., Bot. Beechey Voy. 96. 1832

自然分布

辽宁、内蒙古、河北、河南、安徽、江西、湖南。生于海拔200～950m的山坡石缝阴湿处或长苔藓的石上。

迁地栽培形态特征

一年生小草本。

茎 肉质，带红色，纤细，高3～20cm，粗1～2mm，下部裸露，节间疏长，上部节间较密，不分枝或有少数分枝。

叶 叶膜质，常集生于茎和枝的顶部，同对的近等大，菱状圆形，稀扁圆状菱形或三角状卵形，长3.5～18mm，宽3～16mm，顶端钝，稀近锐尖，基部常楔形或宽楔形，稀近圆形，边缘全缘或波状，稀上部有不明显的钝齿，两面生紫褐色斑点，尤其在下面更明显，钟乳体条形，长约0.4mm，常近横向排列，在上面明显，基出脉3条，在近顶端边缘处消失，二级脉不明显；叶柄纤细，长3～20mm；托叶很小，三角形。

花序 雌雄同株，雌花序与雄花序常同生于叶腋，或分别单生于叶腋，有时雌雄花混生；聚伞花序密集成头状，雄花序长3～10mm，其中花序梗长1.5～7mm；雌花序长2～6mm，花序梗长1～4mm，或近无。

花 雄花具梗，淡黄色，在芽时长约0.8mm；花被片4，卵形，外面近顶端无短角状突起；雄蕊4；退化雌蕊不明显。雌花具短梗，淡绿色；花被片2，不等大，腹生的一枚较大，近船形或倒卵状长圆形，在果时增厚，与果近等长或稍短，外面有条形钟乳体，背生的一枚膜质，三角状卵形，长仅为前者的1/5；退化雄蕊长圆形，长及果的约1/2，不育雌花的较发达，带状，比果稍短。

果 瘦果，卵形，顶端稍歪斜，长约0.5mm，熟时黄褐色，光滑。

引种信息

桂林植物园 自广西龙胜引种苗（引种号HSL20140505–03）。

物候

桂林植物园 花期4～7月；果期7～8月。

迁地栽培要点

阴湿处林下种植。

主要用途

全草入药，有清热解毒和祛瘀止痛之效。华东地区农村常用来治蛇咬伤。

植株

植株

托叶　　　　　　　花序　　　　　　　花序

91

石筋草

别名： 蛇踝节、石稔草、全缘冷水花、西南冷水花、六月冷、血桐子草、恒春冷水麻、歪叶冷水麻

Pilea plataniflora C. H. Wright, J. Linn. Soc., Bot. xxvi. 26: 477. 1899

植株

自然分布

云南、四川、甘肃、陕西、湖北、贵州、广西、海南、台湾。常生于海拔200～2400m的半阴坡路边灌丛中石上或石缝内，有时生于疏林下湿润处。

迁地栽培形态特征

多年生草本。

🌿 **茎** 肉质，高10～70cm，粗1.5～5mm，基部常多少木质化，干时带蓝绿色，常被灰白色蜡质，下部裸露，节间距0.5～3cm，分枝或几无分枝。

🌿 **叶** 薄纸质或近膜质，同对的不等大或近等大，形状大小变异很大，卵形、卵状披针形、椭圆状披针形、卵状或倒卵状长圆形，长1～15cm，宽0.6～5cm，顶端尾状渐尖或长尾状渐尖，基部常偏斜，

213

圆形、浅心形或心形，有时变狭近楔形，边缘稍厚，全缘，有时波状，干后上面暗绿色或蓝绿色，下面淡绿色，常呈细蜂窠状，疏生腺点，钟乳体梭形，长0.3~0.4mm，在上面明显，基出脉3（~5）条，其侧出的一对弧曲，伸达近顶端网结或消失，侧脉多数，常不规则地结成网脉，外向的二级脉在远离边缘处彼此网结，有时二级脉不明显；叶柄长0.5~7cm；托叶很小，三角形，长约1~2mm，渐脱落。

花序 花雌雄同株或异株，有时雌雄同序；花序聚伞圆锥状，有时仅有少数分枝，呈总状，雄花序稍长过叶或近等长，花序梗长，纤细，团伞花序疏松着生于花枝上；雌花序在雌雄异株时常聚伞圆锥状，与叶近等长或稍短，花序梗长，纤细，团伞花序较密地着生于花枝上，在雌雄同株时，常仅有少数分枝，呈总状，与叶柄近等长，花序梗较短。

花 雄花带绿黄色或紫红色，近无梗，在芽时长约1.5mm；花被片4，合生至中部，倒卵形，内凹，外面近顶端有短角突起；雄蕊4；退化雌蕊极小，圆锥形；雌花带绿色，近无梗；花被片3，不等大，果时中间一枚卵状长圆形，背面增厚略呈龙骨状，长及果的1/2或更长；侧生的二枚三角形，稍增厚，比长的一枚短1/2或更长，退化雄蕊椭圆状长圆形，略长过短的花被片。

果 瘦果卵形，顶端稍歪斜，双凸透镜状，长0.5~0.6mm，熟时深褐色，有细疣点。

引种信息

桂林植物园 自广西靖西引种苗（引种号XZB20180825-02）。

华南植物园 自广西凭祥引种苗（登录号20011908）、自海南引种苗（登录号20030596）、自广西引种苗（登录号20100962）、自湖北恩施引种苗（登录号20140232）。

物候

桂林植物园 花期3~4月；果期4~5月。

华南植物园 花期3~5月和10~11月；果期12月至翌年2月。

迁地栽培要点

阴湿处林下种植。

主要用途

全草入药，有舒筋活血、消肿和利尿之效。

植株　　　　　　　叶背　　　　　　　雄花序及雄花　　　　　果序及瘦果

92

透茎冷水花

Pilea pumila A. Gray, Manual (Gray) 437 1848

植株

自然分布

除新疆、青海、台湾和海南外，分布几遍及全国。生于海拔400～2200m的山坡林下或岩石缝的阴湿处。

迁地栽培形态特征

一年生草本。

🌿 肉质，直立，高5～50cm，无毛，分枝或不分枝。

🍃 近膜质，同对的近等大，近平展，菱状卵形或宽卵形，长1～9cm，宽0.6～5cm，顶端渐尖、短渐尖、锐尖或微钝（尤在下部的叶），基部常宽楔形，有时钝圆，边缘除基部全缘外，其上有牙齿或牙状锯齿，稀近全绿，两面疏生透明硬毛，钟乳体条形，长约0.3mm，基出脉3条，侧出的一对微弧曲，伸达上部与侧脉网结或达齿尖，侧脉数对，不明显，上部的几对常网结；叶柄长0.5～4.5cm，上部近叶片基部常疏生短毛；托叶卵状长圆形，长2～3mm，后脱落。

🌸 雌雄同株并常同序，雄花常生于花序的下部，花序蝎尾状，密集，生于几乎每个叶腋，长0.5～5cm，雌花枝在果时增长。

🌺 雄花具短梗或无梗，在芽时倒卵形，长0.6～1mm；花被片常2.，有时3～4，近船形，外面近顶端处有短角突起；雄蕊2（～4）；退化雌蕊不明显。雌花花被片3，近等大，或侧生的二枚较大，中间的一枚较小，条形，在果时长不过果实或与果实近等长，而不育的雌花花被片更长；退化雄蕊在果时增大，椭圆状长圆形，长及花被片的一半。

果 瘦果三角状卵形，扁，长1.2～1.8mm，初时光滑，常有褐色或深棕色斑点，熟时色斑多少隆起。

引种信息

桂林植物园　自广西金秀引种苗（引种号DJ20151017-01）。

物候

桂林植物园　花期6～8月；果期8～10月。

迁地栽培要点

阴湿处林下种植。

主要用途

根、茎药用，有利尿解热和安胎之效。

植株

叶背　　　　果序及瘦果　　　　果序及瘦果

93
总状序冷水花

Pilea racemiformis C. J. Chen, Bull. Bot. Res., Harbin 2 (3): 93. 1982

自然分布

广西。生于海拔1600m密林下阴处。

迁地栽培形态特征

多年生草本。

茎 肉质，下部裸露，高25cm，粗约3mm，节较密集，长1～2cm，干时蓝绿色，密布杆状钟乳体，有分枝。

叶 干时薄纸质，同对的极不等大；大的叶常盾状着生，卵状或椭圆状披针形，长5～7cm，宽1.7～2.1cm，顶端长渐尖，基部圆形或微缺，小的叶常基着生，卵形，长1.4～2.6cm，宽1～1.4cm，顶端锐尖，基部微缺；边缘自下部以上有锯齿，干时上面变褐绿色，下面浅绿色，呈极细的蜂案状，钟乳体条形，长约0.2mm，仅在上面密布，基出脉3条，其侧出的一对达中上部边缘，侧脉4～5对，除最上一对明显外，其余的不明显；叶柄长0.5～2.5cm；托叶小，三角形，宿存。

花序 雌雄异株；雄花序长1.5～3.5cm，花序梗纤细，长1～2cm，团伞花序排成总状；苞片披针形，长约0.6mm。雌花序长2～3.5cm，花序梗长1～2cm，团伞花序排成总状。

花 雄花具梗，淡红色，在芽时长约2mm；花被片4，倒卵状长圆形，中肋凹陷，外面上部近中肋每边各有一条龙骨状隆起物；雄蕊4，花丝下部贴生于花被；退化雌蕊小，长圆形，基部周围疏生绵毛。雌花未见。

果 瘦果狭卵形，压扁，长约0.8mm，光滑。。

引种信息

桂林植物园 自广西环江引种苗（引种号HSL20150425-02）。

物候

桂林植物园 花期2～3月；果期4～5月。

迁地栽培要点

阴湿处林下种植。

主要用途

无。

植株

雄花序及雄花

果序及瘦果

植株

叶背

94
厚叶冷水花

Pilea sinocrassifolia C. J. Chen, Bull. Bot. Res., Harbin 2 (3): 99. 1982

植株

自然分布

广东、湖南、贵州。生于山坡水边阴处石上。

迁地栽培形态特征

多年生草本。

🟢**茎** 平卧草本，无毛。茎肉质，纤细，干时密布杆状钟乳体，多分枝。

🟢**叶** 叶同对的近等大，肉质，双凸透镜状，干时变平，脆纸质，近圆形或扇状圆形，长4~8.5mm，顶端圆形，基部近截形，边缘全缘反卷，上面绿色，下面干时变糠皮状或不规则的皱纹，钟乳体仅在上面明显，梭形，长0.4~0.5mm，基出脉3条，在两面不明显，其侧出的一对达中部，侧脉2~4对，极不明显；叶柄长0.2~0.6mm；托叶三角形，长约1mm，宿存。

🟢**花序** 雌雄同株；雄聚伞花序由少数几朵花密集成头状，花序梗长2~5mm；苞片明显，卵状披针形，长约0.8mm。雌花序未见。

219

花 雄花大，淡黄绿色，具梗，在芽时长约2mm；花被片4，倒卵状长圆形，内凹，外面近顶端有2个明显的囊状突起；雄蕊4；退化雌蕊短圆柱状。雌花未见。

果 未见。

引种信息

桂林植物园　自贵州贵阳引种苗（引种号FLF20170418-01）。

物候

桂林植物园　花期11月至翌年3月。

迁地栽培要点

阴湿处林下种植。

主要用途

无。

植株

叶背

雄花序

95
翅茎冷水花

Pilea subcoriacea (Hand.-Mazz.) C. J. Chen, Bull. Bot. Res., Harbin 2 (3): 62. 1982

植株

自然分布

四川、贵州、湖南、广西。生于海拔850~1800m的山谷林下阴湿处。

迁地栽培形态特征

多年生草本。

茎 高20~70cm，肉质，带紫红色，常有数条波状膜质翅，几不分枝。

叶 同对的近等大，纸质，倒卵状长圆形，有时椭圆形，长3~10cm，宽1.5~5.5cm，顶端渐尖，基部圆形或钝形，稀微缺，边缘下部全缘，下部以上有圆齿状锯齿，上面深绿，下面带紫红色或浅绿，钟乳体极细，不明显，长约0.1mm，基出脉3条，在上面隆起，侧出二条弧曲，伸达上部与侧脉一网结，侧脉10~13对，斜展，在上面稍隆起，在下面近平；叶柄长0.5~3.5cm；托叶薄膜质，褐色，心形，长4~7mm，宿存。

花序 雌雄异株；雄花序聚伞圆锥状，具长梗，长2~5cm，具少数分枝，连同花序梗常长过叶；雌花序多回二歧聚伞状，具短总梗，长1~1.5cm。

花 雄花具梗，在芽时长约2mm；花被片4，合生至中部，长圆状卵形，顶端几无短角；退化雌蕊小，圆锥状卵形，雌花小，具短梗或无；花被3，稍不等大，背生的一枚稍长，果时长及果1/4~1/3，增厚；退化雄蕊长圆形，与花被片近等长。

果 瘦果近圆形或圆卵形，凸透镜状，长约0.8mm，熟时表面有细疣点。

引种信息

桂林植物园 自广西龙胜引种苗（引种号HSL20150520-04）。

贵州省植物园 引种信息缺失。

物候

桂林植物园 花期4月；果期5~6月。

贵州省植物园 花期3~4月。

迁地栽培要点

阴湿处林下种植。

主要用途

无。

植株

叶背

雄花序及雄花

96
鹰嘴萼冷水花

Pilea unciformis C. J. Chen, Bull. Bot. Res., Harbin 2 (3): 96. 1982

植株

自然分布

云南。生于海拔1320m的石灰岩山坡常绿阔叶林下。

迁地栽培形态特征

多年生草本。

茎 稍肉质，高10～35cm，干时变灰绿色，密布短杆状钟乳体，节间长1～3.5cm。

叶 自中部以上多分枝呈伞房状排列生于茎与枝的顶部或上部，有时4叶近轮生状，同对的不等大，干时纸质，卵形，长0.7～2.5cm，宽0.6～1cm，顶端锐尖，基部心形或微缺，边缘在两面稍增厚，自下部以上每边有2～4枚钝锯齿，干时上面褐绿色，下面灰绿色，呈细蜂案状，钟乳体条形，长约0.3mm，仅密布于上面，在两面边缘纵行排列，基出脉3条，在上面凹陷，在下面隆起，其侧出的一对达最上一对齿尖，侧脉数对，不明显；叶柄长3～12mm；托叶三角形，长约1mm，宿存。

花序 雌雄异株；团伞花簇密集着生于序轴的顶端，呈短穗状或近头状，雄花序长8～15mm，花序梗长5～12mm；雌花序长4～8mm，花序梗纤细，长2～5mm；苞片狭三角形，长约0.4mm。

223

花 雄花有花梗,长0.8mm;花被片4,倒卵状长圆形,内凹,外面近顶端有明的短角;雄蕊4,花丝下部贴生于花被;退化雌蕊很小,圆锥形。雌花近无梗;花被片3,不等大,果时中间的一枚近船形,外面近顶端处有一内弯的钩状突起物,长及果的1/3~1/2,侧生的二枚,卵形,比中间一枚短约一倍;退化雄蕊带状,伸展后长与中间一枚花被片近等。

果 瘦果狭卵形,压扁,长约0.8mm,熟时棕褐色,光滑。

引种信息
桂林植物园 自广西马山引种苗(引种号XZB20180822-17)。

物候
桂林植物园 花期4~5月;果期4~5月。

迁地栽培要点
阴湿处林下种植。

主要用途
无。

植株

叶背

果序及瘦果

锥头麻属

Poikilospermum Zipp. ex Miq., Ann. Mus. Bot. Lugduno-Batavi 1: 203 1864

　　木质大藤本。叶大，常革质，螺旋状互生，边缘全缘，具羽状脉，钟乳体短杆状或近点状，在上面匀布，在下面常沿细脉整齐纵行排列；托叶常革质，有时木质，柄内合生。花序雌雄异株，常单生于叶腋，聚伞状，二叉分枝或多回二歧分枝；团伞花序球状，生于每分枝的顶端，多数花生于多少膨大的花序托上。雄花：花被片（2～）4，分生或多少合生，顶端常内弯；雄蕊（2～）4，花丝直立，有时内折；退化雌蕊明显或不明显。雌花：花被合生成管状，顶端4裂或4齿；子房上位，具1心皮，1室，胚珠基生，直立；柱头近无柄，舌形，弯头状或盾形头状，常宿存；退化雄蕊缺。瘦果卵形或椭圆形，多少压扁，被宿存花被片包裹。种子少或无胚乳，胚直立，子叶长圆形。

　　约27种，分布喜马拉雅地区经马来西亚至西太平洋群岛。我国有2种，分布云南南部。

97
锥头麻

别名：香甜锥头麻

Poikilospermum suaveolens (Blume) Merr., Contr. Arnold Arbor. 8: 47. 1934

植株

自然分布

云南。生于海拔500~600m的山谷林中或林缘的潮湿地方。

迁地栽培形态特征

攀援灌木；小枝粗约1cm，无毛或被短柔毛。

叶 革质，宽卵形、椭圆形或倒卵形，长10~35cm，宽7~23cm，顶端锐尖或钝尖，基部楔形、圆形或心形，两面无毛或近无毛，钟乳体短杆状或短梭形，上面密布，下面沿细脉纵行整齐排列，侧脉7~14对，斜展；叶柄长5~10cm，近无毛；托叶新月形，长约3cm，常宿存。

花序 雌雄异株，雄花序长4~6cm，宽2~5cm，2~3回二歧分枝，末级花枝多而短，集生于第二级分枝的顶端，故成二假伞形状的团伞花簇，团伞花序球形，径3~5mm；花序梗上苞片成对生，大，船形，长5~10mm，宿存；雌花序长4~8cm，宽5~8cm，常二叉分枝；花序梗上苞片比雄花序上的稍大；团伞花序球形，径7～10mm，果时增大达4cm。

花 雄花无梗，长约2mm；花被片4，顶端内弯；雄蕊4，花丝直立；退化雌蕊明显，长约1mm。雌花具梗，长约3mm；花被片4，合生至上部成管状，覆瓦状排列，顶端内弯，长约5mm，外面无毛；柱头舌状，长约1mm；花梗长5～10mm。

果 瘦果长3～5mm；花梗果时增长，为果的约3倍。

引种信息
华南植物园 自云南西双版纳引种苗（登录号20111876）。

物候
华南植物园 花期1～4月；果期4～5月。

迁地栽培要点
阴湿处林下种植。

主要用途
无。

植株

雌花序及雌花

雄花序及雄花

雾水葛属

Pouzolzia Gaudich., Voy. Uranie [Freycinet] pt. 12: 503 1830

灌木、亚灌木或多年生草本。叶互生，稀对生，边缘有牙齿或全缘，基出脉3条，钟乳体点状；托叶分生，常宿存。团伞花序通常两性，有时单性，生于叶腋，稀形成穗状花序；苞片膜质，小。雄花：花被片（3～）4～5，镊合状排列，基部合生，通常合生至中部，椭圆形；雄蕊与花被片对生；退化雌蕊倒卵形或棒状。雌花：花被管状，常卵形，顶端缢缩，有2～4个小齿，果期多少增大，有时具纵翅。瘦果卵球形，果皮壳质，常有光泽。

约60种，分布于热带和亚热带地区。我国有8种，自西南、华南分布至湖北、安徽南部，多数产西南。

98
红雾水葛

别名： 红水麻、青白麻叶、大粘叶、大粘药、小粘榔、粘药根、野麻公

Pouzolzia sanguinea (Blume) Merr., J. Straits Branch Roy. Asiat. Soc. Spec. No. 233. Sep 1921

自然分布

海南、广西、贵州西南部、四川南部和西南部、云南、西藏东南部和南部。生于350~2300m的山谷或山坡林边或林中、灌丛中、沟边。

迁地栽培形态特征

灌木。

🌿 **茎** 高0.5~3m；小枝有浅纵沟，密或疏被贴伏或开展的短糙毛，偶尔顶部有数节无叶，只生团伞花序。

🍃 **叶** 互生；叶片薄纸质或纸质，狭卵形、椭圆状卵形或卵形，稀长圆形或披针形，长2.6~11（~17）cm，宽1.5~4（~9）cm，顶端短渐尖至长渐尖，基部圆形、宽楔形或钝，边缘在基部之上有多数小牙齿 [每侧8~14（19）个]，两面均稍粗糙，均被短糙毛，毛通常贴伏，有时稍开展，在较密并贴伏时，叶下面带银灰色并有光泽，侧脉2对；叶柄长0.4~1.2（~2.5）cm。

🌸 **花序** 团伞花序单性或两性，直径2~6mm；苞片钻形或三角形，长达2.5~4mm。

🌺 **花** 雄花花被片4，船状椭圆形，长约1.6mm，合生至中部，顶端急尖，外面有糙毛；雄蕊4，长约2mm，花药长0.6mm；退化雌蕊狭倒卵形，长约0.6mm，基部周围有白色柔毛。雌花花被宽椭圆形或菱形，长0.8~1.2mm，顶端约有3个小齿，外面有稍密的毛，果期长约2mm；柱头长0.8~1.5mm。

🍎 **果** 未见。

引种信息

桂林植物园 自云南河口引种苗（引种号7544）。

物候

桂林植物园 花期4~8月。

迁地栽培要点

阴湿处林下种植。

主要用途

茎皮及枝皮的纤维为较好的代麻用品，可制绳、麻布及麻袋等。

植株

植株

叶

雌花序及雌花

雄花序及雄花

99
雾水葛

Pouzolzia zeylanica (L.) Benn., Pl. Jav. Rar. (Bennett) 67. 1838

植株

自然分布

云南、广西、广东、福建、江西、浙江、安徽、湖北、湖南、四川、甘肃。生于海拔300～1300m 的平地的草地上或田边，丘陵或低山的灌丛中或疏林中、沟边。

迁地栽培形态特征

多年生草本。

🌱 直立或渐升，高12～40cm，不分枝，通常在基部或下部有1～3对对生的长分枝，枝条不分枝 或有少数极短的分枝，有短伏毛，或混有开展的疏柔毛。

🍃 全部对生，或茎顶部的对生；叶片草质，卵形或宽卵形，长1.2～3.8cm，宽0.8～2.6cm，短分 枝的叶很小，长约6mm，顶端短渐尖或微钝，基部圆形，边缘全缘，两面有疏伏毛，或有时下面的毛 较密，侧脉1对；叶柄长0.3～1.6cm。

🌸 团伞花序通常两性，直径1～2.5mm；苞片三角形，长2～3mm，顶端骤尖，背面有毛。

231

花 雄花有短梗，花被片4，狭长圆形或长圆状倒披针形，长约1.5mm，基部稍合生，外面有疏毛；雄蕊4，长约1.8mm，花药长约0.5mm；退化雌蕊狭倒卵形，长约0.4mm。雌花，花被椭圆形或近菱形，长约0.8mm，顶端有2小齿，外面密被柔毛，果期呈菱状卵形，长约1.5mm；柱头长1.2～2mm。

果 瘦果卵球形，长约1.2mm，淡黄白色，上部褐色，或全部黑色，有光泽。

引种信息
华南植物园　来源未知（登录号XX271109）。

物候
华南植物园　花期4～12月；果期6月至翌年1月。

迁地栽培要点
阴湿处林下种植。

主要用途
无。

植株

花序及雄花

花序及雌花

果序及瘦果

藤麻属

Procris Comm. ex Juss., Gen. Pl. [Jussieu] 403. 1789

多年生草本或亚灌木，常无毛。叶二列，两侧稍不对称，全缘或有浅齿，有羽状脉，钟乳体条形，极小；托叶小，全缘。退化叶常存在，与正常叶对生，小。雄花簇生，排列成聚伞花序，花梗无苞片。雌花序头状，无梗或有短梗，花序梗顶端膨大形成球状或棒状的花序托；小苞片狭匙形。雄花：花被5深裂，裂片倒卵形，肉质；雄蕊5；退化雌蕊球形或倒卵形。雌花密集：花被片3~4，倒卵形，兜状，肉质；子房卵形，比花被片稍短，柱头小，画笔状。瘦果卵形或椭圆形。

约16种，分布于亚洲及非洲热带地区。我国1种，分布于西南、华南及台湾。

100

藤麻

Procris crenata C. B. Robinson, Philipp. J. Sci., C, 5: 507. 1911

植株

自然分布

西藏、云南、四川、贵州、广西、广东、福建、台湾。生于海拔300~2000m的山地林中石上，有时附生于大树上。

迁地栽培形态特征

多年生草本。

茎 肉质，高30~80cm，不分枝或分枝，无毛。

叶 生茎或分枝上部，无毛；叶片两侧稍不对称，狭长圆形或长椭圆形，长（4.5~）8~20cm，宽（1.5~）2.2~4.5cm，顶端渐尖，基部渐狭，边缘中部以上有少数浅齿或波状，钟乳体稍明显或明显，长0.1~0.3mm，侧脉每侧5~8条；叶柄长1.5~12mm；托叶极小，卵形，脱落。退化叶狭长圆形或椭圆形，长5~17mm，宽1.5~7mm。

花序 雄花序通常生于雌花序之下，簇生，有短丝状花序梗，有少数花。雌花序簇生，有短而粗的花序梗，或有时无梗，直径1.5~3mm，有多数花；花序托半圆球形，无毛，无苞片；小苞片倒卵形或椭圆形，长约0.4mm，无毛。

花 雄花五基数；花被片长圆形或卵形，长约1.5mm，顶端之下有短角状突起。雌花无梗；花被片约4枚，船状椭圆形，长约3.5mm，无毛；子房椭圆形，长约0.3mm，柱头小。

果 瘦果褐色，狭卵形，扁，长0.6~0.8mm，常有多数小条状突起或近光滑。

引种信息

桂林植物园 自广西龙州引种苗（引种号XZB20180127~10）。

物候

桂林植物园 花期5~7月；果期11月至翌年1月。

迁地栽培要点

阴湿处林下种植。

主要用途

无。

植株

雄花序及雄花　　雌花序及雌花　　果序及瘦果

235

荨麻属

Urtica L., Sp. Pl. 2: 983 1753

一年生或多年生草本，稀灌木，具刺毛。茎常具4棱。叶对生，边缘有齿或分裂，基出脉3~5（~7）条，钟乳体点状或条形；托叶侧生于叶柄间，分生或合生。花单性，雌雄同株或异株；花序单性或雌雄同序，成对腋生，数朵花聚集成小的团伞花簇，在序轴上排列成穗状、总状或圆锥状，稀头状；雄花花被片4，裂片覆瓦状排列，内凹，雄蕊4，退化雌蕊常杯状或碗状，透明；雌花花被片4，离生或多少合生，不等大，内面二片较大，紧包子房，花后显著增大，紧包被着果实，外面二片较小，常开展，子房直立，花柱无或很短，柱头画笔头状。瘦果直立，两侧压扁，光滑或有疣状突起。种子直立，胚乳少量，子叶近圆形，肉质，富含油质。

本属约有35种，主要分布于北半球温带和亚热带，少数分布于热带和南半球温带。我国产16种，6亚种，1变种，主要产北部和西南部。

101
荨麻

别名： 裂叶荨麻、白蛇麻、火麻、蛇麻草、透骨风、白活麻

Urtica fissa E. Pritz. ex Diels, Bot. Jahrb. Syst. 29 (2): 301 1900

自然分布

安徽、浙江、福建、广西、湖南、湖北、河南、陕西、甘肃、四川、贵州、云南。生于海拔100~2000m的山坡、路旁或住宅旁半阴湿处。

迁地栽培形态特征

多年生草本。

🌿 **茎** 自基部多出，高40~100cm，四棱形，密生刺毛和被微柔毛，分枝少。

🍃 **叶** 近膜质，宽卵形、椭圆形、五角形或近圆形轮廓，长5~15cm，宽3~14cm，顶端渐尖或锐尖，基部截形或心形，边缘有5~7对浅裂片或掌状3深裂（此时每裂片又分出2~4对不整齐的小裂片），裂片自下向上逐渐增大，三角形或长圆形，长1~5cm，顶端锐尖或尾状，边缘有数枚不整齐的牙齿状锯齿，上面绿色或深绿色，疏生刺毛和糙伏毛，下面浅绿色，被稍密的短柔毛，在脉上生较密的短柔毛和刺毛，钟乳体杆状、稀近点状，基出脉5条，上面一对伸达中上部裂齿尖，侧脉3~6对；叶柄长2~8cm，密生刺毛和微柔毛；托叶草质，绿色，2枚在叶柄间合生，宽矩圆状卵形至矩圆形，长10~20mm，顶端钝圆，被微柔毛和钟乳体，有纵肋10~12条。

🌸 **花序** 雌雄同株，雌花序生上部叶腋，雄的生下部叶腋，稀雌雄异株；花序圆锥状，具少数分枝，有时近穗状，长达10cm，序轴被微柔毛和疏生刺毛。

🌼 **花** 雄花具短梗，在芽时直径约1.4mm，开放后径约2.5mm；花被片4，在中下部合生，裂片常矩圆状卵形，外面疏生微柔毛；退化雌蕊碗状，无柄，常白色透明；雌花小，几乎无梗；

🍒 **果** 瘦果近圆形，稍双凸透镜状，长约1mm，表面有带褐红色的细疣点；宿存花被片4，内面二枚近圆形，与果近等大，外面二枚近圆形，较内面的短约4倍，边缘薄，外面被细硬毛。

引种信息

贵州省植物园 引种信息缺失。

昆明植物园 引种信息缺失。

物候

贵州省植物园 花期8~10月；果期9~11月。

迁地栽培要点

阴湿处林下种植。

主要用途

茎皮纤维可供纺织用；全草入药，有祛风除湿和止咳之效；叶煮后可食用，叶和嫩枝煮后也可作饲料。

植株

托叶

雄花序及雄花

果序

参考文献
References

关枫，王莹，王艳宏，等，2009. 黑龙江产狭叶荨麻挥发性成分GC-MS分析[J]. 哈尔滨商业大学学报（自然科学版），25（4）：395–398.

刘卫星，2007. 光照和水分对新宁楼梯草生长的影响[J]. 湖南农业科学，34（4）：25–26.

牛延慧，梁志远，甘秀海，2010. 贵州三种冷水花化学成分预试研究[J]. 贵州师范大学学报，26（3）：26–28.

王文采，2014. 中国楼梯草属植物[M]. 青岛：青岛出版社.

王文采，2016a. 广西楼梯草属八新种[J]. 植物研究，36（3）：324–333.

王文采，2016b. 头序冷水花属，广西荨麻科一新属[J]. 植物研究，36（2）：164–166.

王文采，2019. 江津楼梯草，重庆荨麻科一新种[J]. 广西植物，39（3）：291–293.

徐耀东，童志刚，敖小朋，等，2009. 园林地被植物新秀——庐山楼梯草[J]. 现代园艺，1：11.

应求是，吕敏，丁华娇，等，2003. 6种园林地被植物的耐荫性比较[J]. 浙江农业科学，3：488–490.

袁艺，艾克蕙，陈光英，1999. 毛果蝎子草化学成分研究[J]. 中药材，22（4）：191–193.

臧巩固，赵立宁，1996. 中国苎麻属无融种综发现初报[J]. 中国麻作，18（1）：19.

臧巩固，1995. 植物无融合生殖及其在苎麻育种中的应用[J]. 中国麻作，1：16–19.

张静，闫丽君，闫双喜，等，2013. 中国荨麻科植物地理分布[J]. 河南师范大学学报（自然科学版），41（3）：120–126.

赵立宁，臧巩固，陈建华. 2003. 中国苎麻属植物性别表现及其演化[J]. 中国麻业，25（5）：209–212.

Asker S E, Jerling L, 1992. Apomixis in Plants[M]. Boca Raton, FL: CRC Press.

Bentham G, Hooker J D, 1880. Urticaceae[M]. Genera Plantarum, London, pp. 341-395.

Berg C C, 1978. Cecropiaceae a new family of the Urticales[J]. Taxon, 27: 39-44.

Bicknell R A, Koltunow A M. 2004. Understanding apomixis: recent advances and remaining conundrums[J]. The Plant Cell, 16: 228-245.

Bremer, Birgitta & Bremer, Kåre & Chase, et al, 2003. An update of the Angiosperm Phylogeny Group classification for the orders and families of flowering plants: APG II[J]. Bot. J. Linn. Soc., 141: 399-436.

Chew W L, 1963. A revision of the genus *Poikilospermum* (Urticaceae)[J]. Gard. Bull. Singap., 20: 1-103.

Corner E J, 1962. The classification of Moraceae[J]. Gard. Bull. Singap., 19: 187-252.

Deng T, Kim C, Zhang D G, et al, 2013. *Zhengyia shennongensis*: A new bulbiliferous genus and species of the nettle family (Urticaceae) from central China exhibiting parallel evolution of the bulbil trait[J]. Taxon, 62(1): 89-99.

Friis I, 1989. The Urticaceae: a systematic review. In: Crane, P.R., Blackmore, S.（Eds.）, Evolution, Systematics, and Fossil History of the Hamamelidae[M]. Clarendon Press, Oxford, pp. 285-308.

Friis I, 1993. Urticaceae. In: Kubitzki, K., Rohwer, J.G., Bittrich, V.（Eds.）, The Families and Genera of Vascular Plants, Flowering Plants: Dicotyledones. Magnoliid, Hamamelid and Caryophyllid Families[M], vol. 2. Springer-Verlag, Berlin, pp. 612-630.

Fu L F, Huang S L, Monro AK, et al, 2017b. *Pilea nonggangensis* (Urticaceae), a new species from Guangxi, China[J]. Phytotaxa, 313(1): 130-136

Fu L F, Monro A K, Huang S L, et al, 2017a. *Elatostema tiechangense* (Urticaceae), a new cave-dwelling species from Yunnan, China[J]. Phytotaxa, 292(1): 085-090.

Fu L F, Su L Y, Mallik A, et al, 2017c. Cytology and sexuality of 11 species of *Elatostema*（Urticaceae）in limestone karsts suggests that apomixis is a recurring phenomenon[J]. Nord. J. Bot., 35: 251-256.

Gaudichaud C, 1830. Botanique, part 12. In: Freycinet, H.d.（Ed.）, Voyage autour du monde...executé sur les corvettes de S.M. l' Uranie et la Physicienne[M]. Pilet-Aine, Paris, pp. 465-522, and plates 111-120.

Hadiah J T, Quinn C J, Conn B J, 2003. Phylogeny of *Elatostema* (Urticaceae) using chloroplast DNA data[J]. Telopea, 10: 235-246.

Huang X, Deng T, Moore M J, et al, 2019. Tropical Asian Origin, boreotropical migration and long-distance dispersal in Nettles（Urticeae, Urticaceae）[J]. Mol. Phylogenet. Evol., 137: 190-199.

Kim C, Deng T, Chase M, et al, 2015. Generic phylogeny and character evolution in Urticeae（Urticaceae）inferred from nuclear and plastid DNA regions[J]. Taxon, 64（1）: 65-78.

Kravtsova T I, 2009. In: Tzvelev, N.N., Vassilyev, A.E.（Eds.）, Comparative Carpology of the Urticaceae Juss[M]. KMK Scientific Press, Moscow, pp. 136-266.

Monro A K, Bystriakova N, Fu L, et al, 2018. Discovery of a diverse cave flora in China[J]. Plos One, 13（2）: e0190801.

Monro A K, Wei Y G, Chen C J, 2012. Three new species of *Pilea* (Urticaceae) from limestone karst in China[J]. Phytokeys, 19: 51-66.

Tseng Y H, Monro A K, Wei Y G, et al, 2019. Molecular phylogeny and morphology of *Elatostema s.l.* (Urticaceae): Implications for inter- and infrageneric classifications[J]. Mol. Phylogenet. Evol., 132: 251-264.

Weddell H A, 1854. Revue de la famille des Urticacées[J]. Ann. Sci. Natl. Bot. Ser., 4: 173-212.

Weddell H A, 1856. Monographie de la famille des Urticées[J]. Nouv. Archieves Mus. Hist. Natl., 9: 1-592.

Weddell H A, 1869. Urticacées. In: Candolle, A.D.（Ed.）, Prodromus Systematis Naturalis Regni Vegetabilis[M]. Victoris Masson et Filii, Paris, pp. 32-235.

Wu Z Y, Liu J, Provan J, et al, 2018. Testing Darwin's transoceanic dispersal hypothesis for the inland nettle family（Urticaceae）[J]. Ecol. Lett., 21: 1515-1529.

Wu Z Y, Monro A K, Milne R I, et al, 2013. Molecular phylogeny of the nettle family（Urticaceae）inferred from multiple loci of three genomes and extensive generic sampling[M]. Mol. Phylogenet. Evol., 69: 814-827.

Yahara T, 1983. A biosystematic study on the local populations of some species of the genus *Boehmeria* with special reference to apomixis[J]. Journal of the Facullty of Science, the University of Tokyo, Sect III., 3: 217-261.

Yahara T, 1986. Distribution of sexual and agamospermous populations of *Boehmeria sylvestrii* and its three relatives（Urticaceae）[J]. Memoirs of the National Science Museum, 19: 121-132.

Yang F, Wang Y H, Qiao D, et al, 2018. *Pilea weimingii* (Urticaceae), a new species from Yunnan, southwest China[J]. Ann. Bot. Fennici, 55: 99-103.

附录1 相关植物园栽培荨麻科植物种类统计表

序号	中文名	拉丁名	桂林园	华南园	贵州园	昆明园
1	序叶苎麻	*Boehmeria clidemioides* Miq. var. *diffusa* (Wedd.) Hand.-Mazz.	√	√	√	
2	野线麻	*Boehmeria japonica* (L. f.) Miq.	√	√	√	
3	水苎麻	*Boehmeria macrophylla* Hornem.	√	√		
4	束序苎麻	*Boehmeria siamensis* Craib	√			
5	悬铃叶苎麻	*Boehmeria tricuspis* (Hance) Makino	√	√	√	
6	鳞片水麻	*Debregeasia squamata* King ex Hook.f.	√			
7	火麻树	*Dendrocnide urentissima* (Gagnep.) Chew	√			
8	渐尖楼梯草	*Elatostema acuminatum* (Poir.) Brongn.	√			√
9	拟疏毛楼梯草	*Elatostema albopilosoides* Q. Lin & L. D. Duan	√			
10	深绿楼梯草	*Elatostema atroviride* W. T. Wang	√			
11	迭叶楼梯草	*Elatostema salvinioides* W. T. Wang	√			
12	星序楼梯草	*Elatostema asterocephalum* W. T. Wang	√			
13	华南楼梯草	*Elatostema balansae* Gagnep.	√			
14	巴马楼梯草	*Elatostema bamaense* W. T. Wang & Y. G. Wei	√			
15	双对生楼梯草	*Elatostema biopppositum* L. D. Duan & Q. Lin	√			
16	短齿楼梯草	*Elatostema brachyodontum* (Hand.-Mazz.) W. T. Wang	√	√		
17	侧岭楼梯草	*Elatostema celingense* W. T. Wang, Y. G. Wei & A. K. Monro	√			
18	革叶楼梯草	*Elatostema coriaceifolium* W. T. Wang	√			
19	浅齿楼梯草	*Elatostema crenatum* W. T. Wang	√			
20	锐齿楼梯草	*Elatostema cyrtandrifolium* (Zoll. et Mor.) Miq.	√	√		
21	盘托楼梯草	*Elatostema dissectum* Wedd.	√			
22	凤山楼梯草	*Elatostema fengshanense* W. T. Wang & Y. G. Wei	√			
23	宜昌楼梯草	*Elatostema ichangense* H. Schreter	√	√		
24	狭叶楼梯草	*Elatostema lineolatum* Wight	√	√		
25	长苞楼梯草	*Elatostema longibracteatum* W. T. Wang	√			
26	显脉楼梯草	*Elatostema longistipulum* Hand.-Mazz.	√			
27	多序楼梯草	*Elatostema macintyrei* Dunn	√	√		√
28	软毛楼梯草	*Elatostema malacotrichum* W. T. Wang & Y. G. Wei	√			
29	巨序楼梯草	*Elatostema megacephalum* W. T. Wang	√			
30	异叶楼梯草	*Elatostema monandrum* (D. Don) Hara	√			
31	瘤茎楼梯草	*Elatostema myrtillus* (Levl.) Hand.-Mazz.	√			
32	南川楼梯草	*Elatostema nanchuanense* W. T. Wang	√			
33	托叶楼梯草	*Elatostema nasutum* Hook. f.	√			

（续）

序号	中文名	拉丁名	桂林园	华南园	贵州园	昆明园
34	长圆楼梯草	*Elatostema oblongifolium* Fu ex W. T. Wang	√			
35	隐脉楼梯草	*Elatostema obscurinerve* W. T. Wang	√			
36	钝叶楼梯草	*Elatostema obtusum* Wedd.	√			
37	小叶楼梯草	*Elatostema parvum* (Bl.) Miq.	√	√		
38	坚纸楼梯草	*Elatostema pergameneum* W. T. Wang	√			
39	宽叶楼梯草	*Elatostema platyphyllum* Wedd.	√			
40	密齿楼梯草	*Elatostema pycnodontum* W. T. Wang	√			
41	多枝楼梯草	*Elatostema ramosum* W. T. Wang	√			
42	曲毛楼梯草	*Elatostema retrohirtum* Dunn	√			
43	对叶楼梯草	*Elatostema sinense* H. Schreter	√			
44	条叶楼梯草	*Elatostema sublineare* W. T. Wang	√			
45	歧序楼梯草	*Elatostema subtrichotomum* W. T. Wang	√			
46	变黄楼梯草	*Elatostema xanthophyllum* W. T. Wang	√			
47	西畴楼梯草	*Elatostema xichouense* W. T. Wang	√			
48	瑶山楼梯草	*Elatostema yaoshanense* W. T. Wang	√			
49	糯米团	*Gonostegia hirta* (Bl.) Miq.	√	√		
50	珠芽艾麻	*Laportea bulbifera* (Sieb. et Zucc.) Wedd.	√			
51	毛花点草	*Nanocnide lobata* Wedd.	√			
52	紫麻	*Oreocnide frutescens* (Thunb.) Miq.	√	√		
53	广西紫麻	*Oreocnide kwangsiensis* Hand.-Mazz.	√	√		
54	凸尖紫麻	*Oreocnide obovata* (C. H. Wright) Merr.	√	√		
55	细齿紫麻	*Oreocnide serrulata* C. J. Chen	√			
56	短角赤车	*Pellionia brachyceras* W. T. Wang	√			
57	短叶赤车	*Pellionia brevifolia* Benth.	√	√		
58	翅茎赤车	*Pellionia caulialata* S. Y. Liu	√			
59	华南赤车	*Pellionia grijsii* Hance	√	√		
60	异被赤车	*Pellionia heteroloba* Wedd.	√	√		
61	羽脉赤车	*Pellionia incisoserrata* (H. Schroeter) W. T. Wang	√			
62	光果赤车	*Pellionia leiocarpa* W. T. Wang	√			
63	滇南赤车	*Pellionia paucidentata* (H. Schreter) Chien	√	√		
64	赤车	*Pellionia radicans* Wedd.	√	√		
65	吐烟花	*Pellionia repens* (Lour.) Merr.	√	√		
66	曲毛赤车	*Pellionia retrohispida* W. T. Wang	√	√		
67	蔓赤车	*Pellionia scabra* Benth.	√	√		
68	长柄赤车	*Pellionia tsoongii* (Merr.) Merr.	√	√		
69	绿赤车	*Pellionia viridis* C. H. Wright	√	√		

（续）

（续）

序号	中文名	拉丁名	桂林园	华南园	贵州园	昆明园
70	圆瓣冷水花	*Pilea angulata* (Bl.) Bl.	√	√		
71	异叶冷水花	*Pilea anisophylla* Wedd.	√	√		
72	湿生冷水花	*Pilea aquarum* Dunn	√	√		
73	基心叶冷水花	*Pilea basicordata* W. T. Wang ex C. J. Chen	√	√	√	
74	五萼冷水花	*Pilea boniana* Gagnep.	√			
75	花叶冷水花	*Pilea cadierei* Gagnep. et Guill.	√			
76	波缘冷水花	*Pilea cavaleriei* Levl.	√	√		
77	心托冷水花	*Pilea cordistipulata* C. J. Chen	√	√		
78	瘤果冷水花	*Pilea dolichocarpa* C. J. Chen	√	√		
79	疣果冷水花	*Pilea gracilis* Hand.-Mazz.	√	√		
80	盾基冷水花	*Pilea insolens* Wedd.	√			
81	山冷水花	*Pilea japonica* (Maxim.) Hand.-Mazz.	√			
82	长茎冷水花	*Pilea longicaulis* Hand.-Mazz.	√			
83	长序冷水花	*Pilea melastomoides* (Poir.) Wedd.	√			
84	小叶冷水花	*Pilea microphylla* (L.) Liebm.	√			√
85	串珠毛冷水花	*Pilea multicellularis* C. J. Chen	√			
86	冷水花	*Pilea notata* C. H. Wright	√	√		
87	盾叶冷水花	*Pilea peltata* Hance	√	√		
88	钝齿冷水花	*Pilea penninervis* C. J. Chen	√			
89	镜面草	*Pilea peperomioides* Diels			√	√
90	矮冷水花	*Pilea peploides* (Gaudich.) Hook. et Arn.	√			
91	石筋草	*Pilea plataniflora* C. H. Wright	√			
92	透茎冷水花	*Pilea pumila* (L.) A. Gray	√			
93	总状序冷水花	*Pilea racemiformis* C. J. Chen	√			
94	厚叶冷水花	*Pilea sinocrassifolia* C. J. Chen	√			
95	翅茎冷水花	*Pilea subcoriacea* (Hand.-Mazz.) C. J. Chen	√		√	
96	鹰嘴萼冷水花	*Pilea unciformis* C. J. Chen	√			
97	锥头麻	*Poikilospermum suaveolens* (Blume) Merr.			√	
98	红雾水葛	*Pouzolzia sanguinea* (Bl.) Merr.	√			
99	雾水葛	*Pouzolzia zeylanica* (L.) Benn. & R. Br.		√		
100	藤麻	*Procris crenata* C. B. Robinson	√			
101	荨麻	*Urtica fissa* E. Pritz.	√	√		
	总计	14 属 100 种 1 变种	98 种 1 变种	36 种 1 变种	6 种 1 变种	4 种

注：表中"桂林园""华南园""贵州园""昆明园"分别为广西壮族自治区中国科学院广西植物研究所桂林植物园、中国科学院华南植物园、贵州省植物园、中国科学院昆明植物研究所昆明植物园的简称。

附录2 相关植物园的地理位置和自然环境

广西壮族自治区中国科学院广西植物研究所桂林植物园

位于广西桂林雁山，地处北纬25°11′，东经110°12′，海拔约150m，地带性植被为南亚热带季风常绿阔叶林，属中亚热带季风气候。年平均气温19.2℃，最冷月（1月）平均气温8.4℃，最热月（7月）平均气温28.4℃，极端最高气温40℃，极端最低气温-6℃，≥10℃的年积温5955.3℃。冬季有霜冻，有霜期平均6~8d，偶降雪。年均降水量1865.7mm，主要集中在4~8月，占全年降水量73%，冬季雨量较少，干湿交替明显，年平均相对湿度78%，土壤为砂页岩发育而成的酸性红壤，pH 5.0~6.0。0~35cm的土壤营养成分含量：有机碳0.6631%，有机质1.1431%，全氮0.1175%，全磷0.1131%，全钾3.0661%。

中国科学院华南植物园

位于广州东北部，地处北纬23°10′，东经113°21′，海拔24~130m的低丘陵台地，地带性植被为南亚热带季风常绿阔叶林，属南亚热带季风湿润气候，夏季炎热而潮湿，秋冬温暖而干旱，年平均气温20~22℃，极端最高气温38℃，极端最低气温0.4~0.8℃，7月平均气温29℃，冬季几乎无霜冻。大于10℃年积温6400~6500℃，年均降水量1600~2000mm，年蒸发量1783mm，雨量集中于5~9月，10月至翌年4月为旱季；干湿明显，相对湿度80%。干枯落叶层较薄，土壤为花岗岩发育而成的赤红壤，砂质土壤，含氮量0.068%，速效磷0.03mg/100 g土，速效钾2.1~3.6mg/100g土，pH 4.6~5.3。

中国科学院昆明植物研究所昆明植物园

位于昆明北郊，地处北纬25°01′，东经102°41′，海拔1990m，地带性植被为西部（半湿润）常绿阔叶林，属亚热带高原季风气候。年平均气温14.7℃，极端最高气温33℃，极端最低气温-5.4℃，最冷月（1月、12月）月均温7.3~8.3℃，年平均日照2470.3h，年均降水量1006.5mm，12月至翌年4月（干季）降水量为全年的10%左右，年均蒸发量1870.6mm（最大蒸发量出现在3~4月），年平均相对湿度73%。土壤为第三纪古红层和玄武岩发育的山地红壤，有机质及氮磷钾的含量低，pH 4.9~6.6。

贵州省植物园

地处贵阳市北郊鹿冲关，距市区6km。位于北纬36°24′，东经106°42′。海拔1210~1411m。年平均气温14℃，1月份平均气温4.6℃，极端最低气温-6.4℃，7月份平均气温23.8℃，极端最高气温32.1℃。年平均降水量1200mm。年平均相对湿度80%。全年日照时数1174小时，无霜期289天。成土母岩为石灰岩和砂岩，土壤为山地黄壤和棕壤，pH 5~7。

中文名索引

拉丁名索引